Planting Paradise
Cultivating the Garden 1501–1900

Stephen Harris

植物园
一部图文史

[英] 史蒂芬·哈里斯 著
李墨 译

北京时代华文书局

序

花园的荣耀不限于视觉享受。

——鲁德亚德·吉卜林《花园的荣耀》

多年前的一天，我那不信教的祖母正在厨房里忙碌着，两个传教者敲了敲她的门。他们问我的祖母，是谁把她的花园装饰得如此宽敞漂亮，我祖母的回答十分经典："我丈夫和他那该死的辛苦工作。"而几个世纪以来，我祖父那样"该死的辛苦工作"正是园丁们的标志。他们改变了植物的栖息地，聚集来自世界各地的植物，模仿植物的自然生长环境，创造属于他们自己的奇迹。然而，在一代代业余和专业园艺家的手中，不仅是景观，植物本身也被改变了，尽管并没有那么明显。这种"该死的辛苦工作"包括从原产地采集和运输植物，使其适应新的生长环境，在外国气候下繁育植物，还包括选育往往无法在野外生长的奇特品种。即便花园本身不复存在，这些植物中繁殖最多的品种仍将幸存。时至今日，我祖父"该死的辛苦工作"成果还在一座房子底下悄然生长。

本书最初的创作灵感来自亚伯·埃文斯于 1713 年发表的《维特姆诺斯[①]》一诗，该诗意在赞颂 18 世纪初期负责管理建于 1621 年的牛津大学植物园的小雅各布·博瓦尔特，诗中描绘了他作为植物培育者的角色。本书收录 1501—1900 年的植物图片，探究人们种在花园、田间或种植园里的植物以及在那 400 年间我们对这些植物的认知的演变过程。1501 年是一个起点，当时最早一批植物学书籍得以出版，这也是受过教育的人们不再依靠已知权威，而开始直接观察自然世界的一个转折点。

1900 年标志着人们开始通过遗传学研究植物，我们对植物及其功效的了解也因此发生了翻天覆地的变化。尽管过去 100 多年间基因研究的巨大作用使我们取得了惊人的进步，但我们对于植物如何移植和培育的大多数基础知识还是在 1501—1900 年建立起来的。人们对于植物的认识是一个循序渐进的过程，这不可避免，这个过程已历经几个世纪，可以追溯到本书主要探讨的时期之前很久。因此，本书并不按时间顺序，而是按主题记述的。

第一章探讨了植物对地球生命，尤其是人类的重要性，也探究了植物多样性及 1501—1900 年我们对植物急剧增加的这部分认识。

第二章讨论我们如何通过考察未知地域、培育活体植物以及保存书籍、手稿和植物标本馆来拓宽对植物的认识。关于植物利用的知识也被世世代代口口相传。活体植物随四季变换，可供观赏和研究，甚至还可能进化。植物标本馆有“冬季花园”之称，其中干瘪的植物易于研究，但它们并不会变化。因此图书馆、花园和植物标本馆共同刷新并将持续刷新我们对植物的认识。

第三章涉及一些新颖的研究方法，这些方法或增加或削弱了人们对植物的现有认知。17 世纪的日记作家、树木培植家约翰·伊夫林认为花园及其中的植物蕴含着“伊甸园”的隐喻。这个观点并不是他原创的，而是随着欧洲对自然界的认识不断拓宽而逐渐发展起来的。几个世纪以来，教会对伊甸园和“亚当、夏娃”堕落的本质争论不休。他们言之凿凿，延续着古人的理论，认识到地球上存在着物理限制。但当 15 世纪末哥伦布发现了新大陆，教会的权威和知识分子对古希腊罗马真理的信

① 罗马神话中掌管庭园、果树和四季变化的神。

仰被动摇了。人们对植物的认识也受到许多新奇观点的影响，而这些观点至今仍有影响。

第四章从实用主义的角度探讨植物园的功能。植物园通常与医学教学相关，有着提供药材和食材的双重功能。医药和食物从 16 世纪初就与经济、政治一起助长了欧洲称霸全球的雄心壮志，而这种情绪在 19 世纪中叶迎来高潮。欧洲殖民者建立了全球植物园网络，而农作物和医药研究也借此机会成为帝国主义政策的必备部分。

第五章则进一步探讨了“植物作为权力载体”这一主题。我们能够见证新大陆的发现挑战了以有限知识、真假参半的理论和古代权威为基础的植物学假说。随着物质和精神世界在文艺复兴和启蒙运动期间开阔起来，已知植物多样性也得以增加，我们对自然界的认知也更加深入。人们能够成功运输植物，于是植物园中的各色植物也成了寻常景观。然而，植物探索和引进并不总是良性的过程。许多有风险的实践已在某些情况下导致了物种灭绝，破坏了当地经济。

在第六章中，我们探讨了植物远离自然生长环境的一些可行性，尤其探讨了控制光、温度、土壤养分和植物繁衍方式的必要性。新发现的植物不仅能够提供食材和药材，它们还为人们创造了验证生物学基本理论的机会，这是第七章所探讨的内容。例如，人们曾一直认为只有极少数几种植物存在性别，这一观点直到 17 世纪才被推翻。实验证明，植物的性别是普遍存在的，这打破了此前人们对“植物具有单一性别”的固有认识。林奈在 18 世纪中期提出了轰动植物学界的分类法，其基础便是植物存在性别，而植物性别这一概念也开启了一个科学的新世纪和错误的道德论战。科学研究使人们能够合理利用植物以促进农业生产，这为查尔斯・达尔文的“物种起源说”提供了依据，也引领神父格雷戈尔・孟德尔最初理解到当时尚未被命名的遗传学规律。本书大部分内容创作于20世纪中叶建造的一座城市——巴西利亚。它所在的国家于 16 世纪初期被西方探险家所发现，这给我一种奇特的感觉。我透过公寓的窗户看向纵横交错的街区，街上的大多数树木都不是巴西中部本土的品种，许多甚至不是南美洲土生土长的。发现、迁移植物并使其适应人类生存环境并不是欧洲和北美洲独有的，也不是止于 19 世纪的现象，它延续至今、全球盛行。本书收录了 1501—1900 年出版的植物图片，从最广义的角度探索植物园作为研究植物多样性的“实验室”所具备的功能。生长在植物园中的植物随着人们对世界的看法和认知的变化而变化。植物发现的地理范围不断扩大，人们也不再拘泥于欧洲的地界，而是把眼光投向充满异域风情的热带。科技不断进步，人们可以在亚洲、非洲、南美洲和澳大利亚种植更多种类的植物。新发现的植物突出了植物丰富的多样性，也佐证了植物生物学的理性认识。

我感到很荣幸，因为我能在牛津大学图书馆工作，并从管理这些书籍的人身上汲取知识。我尤其要感谢植物科学图书馆的安妮·玛丽·汤森德，她为整合这本书提供了宝贵的帮助。我还要感谢编辑卡罗琳·布鲁克·约翰逊为我梳理手稿，并让我集中研究 1501—1900 年这段时期；感谢黛博拉·苏斯曼出版本书，感谢小点公司和露西·莫顿为本书提供设计。最后，我还要一如既往地感谢卡罗琳在本书的构思、创作和诞生期间在两个大洲奔波。

史蒂芬·哈里斯

目 录

第一章

人类与植物多样性

当花园的植物焕发新的色彩，你们便蓬勃成长。

它们护佑自身，也让你们生生不息。

——威廉·霍金斯《牛津大学植物园艺植物目录》（史蒂芬和布朗出版社，1658）

早在人类由猿进化为人之前，植物就已经在地球上繁衍生息了，它们也是地球上最长寿的生物。大约公元前2500年，古埃及人在吉萨建筑金字塔，此时，在另一片大陆上，加利福尼亚狐尾松还只是小幼苗。15世纪末，在英国首位印刷商威廉·卡克斯顿（1415—1492）印出第一页纸时，在克里斯托弗·哥伦布（1451—1506）踏上加勒比海岸时，这些狐尾松已经生长几千年了。现今，这些狐尾松至少已有4 800年的历史了，并且还在不断播撒种子、延续生命。这些树木见证了灿烂文明的兴起和帝国的衰落，而我们现在还不知它们的寿命到底能有多长。

这些狐尾松是植物王国里的长寿者。当然，许多植物都非常长寿，其寿命已经超出了人类生命可以度量的范围。1585 年帕多瓦植物园的欧洲矮棕榈至今仍生生不息；法国植物学家图内福尔（1656—1708）于 1701 年收集了克里特岛枫树的种子，而这些枫树现在仍矗立在巴黎；现今的牛津大学植物园（1840 年前旧称为牛津大学药草园）入口的紫杉是早在 1645 年由其首任园长老雅各布 · 博瓦尔特（1599—1680）在英国内战期间种下的。

18 世纪，通过园丁和管理员们的不懈努力，在植物园内种满了来自世界各地的植物，这些植物园也因此名扬四海。而牛津的小雅各布 · 博瓦尔特（1641—1719）就是这些积极行动者当中的一员。他掌管着三英亩[①]的土地，这片土地四周有高耸的石墙环绕，他在土地上面种植了自己在世界各地收集的各类植物。小雅各布 · 博瓦尔特种植珍稀、异域植物的名声在外。他的朋友——身为牧师及学者的亚伯 · 埃文斯（1679—1737）于 1713 年发表了题为《维特姆诺斯》的诗，其中不吝对小雅各布 · 博瓦尔特的赞美。这首诗不仅突出了小雅各布 · 博瓦尔特高超的园艺技术，还赞颂了其作为一名热衷于研究植物多样性和植物功效的植物学家的学术水平。

四季生植物

在西方，早在公元前 300 年，希腊哲学家泰奥弗拉斯托斯（前 372—前 287）在《植物志》和《植物之生》中就曾强调过植物的重要性，并记载了人类对于植物的广泛利用。然而，在泰奥弗拉斯托斯的记载之前，人类利用植物的历史已经长达几千年了。人类的进化、生存和文化发展一直以来都与植物紧密相关。战争因植物产品而起，比如 17 世纪的肉豆蔻、18 世纪和 19 世纪的茶叶和鸦片，还有如今可卡因的来源——古柯属植物。人类社会因为植物的不断驯化而不断演化，例如：奴隶从旧世界被运往新世界，种植烟草和甘蔗，满足了 17 世纪和 18 世纪欧洲人的新口味。

① 1 英亩 =4 046.85 平方米。

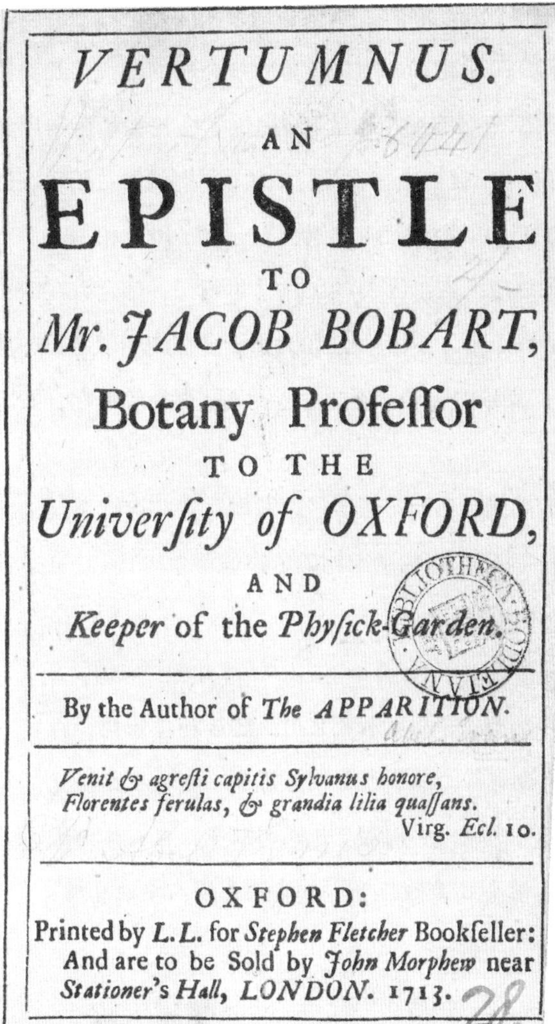

VERTUMNUS.
AN
EPISTLE
TO
Mr. JACOB BOBART,
Botany Profeſſor
TO THE
Univerſity of OXFORD,
AND
Keeper of the Phyſick-Garden.

By the Author of The APPARITION.

Venit & agreſti capitis Sylvanus honore,
Florentes ferulas, & grandia lilia quaſſans.
Virg. *Ecl.* 10.

OXFORD:
Printed by L. L. for Stephen Fletcher Bookſeller:
And are to be Sold by John Morphew near
Stationer's Hall, LONDON. 1713.

亚伯·埃文斯的诗作《维特姆诺斯》(1713)盛赞小雅各布·博瓦尔特在牛津大学植物园的管理工作。这首诗让人联想到约翰·弥尔顿的作品，它描绘了小博瓦尔特管理植物的情景，他像安妮女王统治子民一样决定着植物们的最终命运。诗中，埃文斯描绘了牛津植物园和博瓦尔特父子从欧洲、亚洲、非洲和美洲引入的植物之多样性。而且，诗中也并未忽略他们让这些植物在异地的土壤中生根发芽的艰辛。

尽管人类利用植物的方法多种多样，我们也将在随后的章节中探讨许多方法，但我们只探讨了植物多样性的一小部分。大约 10 000 年前，小麦的种植促进了近东文明的发展。现今被子植物约有 35 万种，而人类摄入的卡路里 60% 的来源都只是四种植物（小麦、玉米、水稻和甜菜），这一数字在过去五个世纪内都未曾有过太大变化。除了主食，植物还可提供饮料、香料、水果、蔬菜和油。世界上的各类药物源于多达 70 000 种植物，而在 20 世纪前，植物还是有效药物的唯一来源。植物提供建筑用的木材和竹子；提供织布用的棉花和黄麻；提供制造轮胎和避孕用具的橡胶；提供烹饪用的葵花油和棕榈油；提供乳香和没药做熏香；提供依兰和玫瑰做香水；提供靛蓝和菘蓝做染料。植物还具有极高的审美价值，在 17 世纪和 18 世纪，因为某些植物种类的流行，人们创造或损失了巨大财富。17 世纪初，郁金香在荷兰风靡一时，形成了一股“种植郁金香狂热”，人们倾注了大量资金在购买郁金香球茎上。“花店协会”在英国应运而生，其致力于培育不同颜色、不同形态的植物，如风信子和报春花。

新发现的植物总能激起人们的热情。然而，很多“新发现”并非这样幸运，它们大多面临着更多矛盾的情绪。1621 年，植物学家约翰·古德伊尔（1592—1664）对 1617 年从北美洲寄来的北美菊芋非常失望：

> 它们的根部呈不规则的多球形；有人用水煮它们，随后加黄油炖，再加一点生姜；还有人把它们和西葫芦、枣子、姜、葡萄干一起放在馅饼里烘烤……但在我看来，无论怎样烹调，它们都会使人闹肚子，在人体内生成一股令人作呕的臭气，让人饱受腹痛的折磨。与其说是给人吃的食物，不如说它是猪食。

而相比之下，热带水果榴梿对于欧洲人的味蕾来说可谓奇特，它的味道绝妙，气味却十分难闻，也因此“声名狼藉”。生物地理学家、进化生物学家阿尔弗雷

右页图为伯沙·范·努顿作品《爪哇岛的花卉、水果及叶片》（1866）中的彩色插图。该书是“专门献给女性的”，揭示了榴梿及其他爪哇岛本土和外来水果的特性。

Peint d'après nature par Mme Berthe Hoola van Nooten, à Batavia. Chromolith par G. Severeyns Lith de l'Acad Roy de Belgique.

德·拉塞尔·华莱士（1823—1913）是榴梿爱好者：

> 它的果肉可以食用，浓厚的口感和味道妙不可言。总之，它尝起来大约就像黄油般浓厚的蛋奶混合了杏仁的香味，又好似带着几缕其他的味道，使人想起奶油干酪、洋葱酱和雪莉酒，以及一些其他似乎不太搭调的食物。它不酸不甜，也不多汁，但不会让人觉得有所缺失，因为它就是如此完美。它不会让人觉得恶心，也不会使人产生其他不良反应，你吃得越多就越停不下来。事实上，吃榴梿是一种新奇的体验，它值得人们为它去东方一游。

植物多样性与新品种

16 世纪初以来，大约 43 万种植物曾被科学地描述过。这一数字反映了过去 500 多年来对于植物相关知识的探索、累积与整合情况。自最早的植物标本集问世以来，主要的植物类群已在广义上得到了认识。而经过 16 世纪到 17 世纪植物类群定义的复杂演变后，现今的定义方式更清晰易懂：从藻类植物、藓类植物、苔类植物、真蕨类植物和拟蕨类植物，再到裸子植物和被子植物。尽管有新物种在探索过程中不断被发掘，但仍有许多物种濒临灭绝，甚至不为人所知。人们喜爱针叶树和开花植物，对真蕨类植物也有着断断续续的热情。植物多样性不断促使园艺家丰富欧洲植物园的植物品种，也促使科学家对植物的功能和其多样性的由来一探究竟。

《澳大利亚藻类》（1858—1863）共5卷，内含300张彩色插图，右页图便是其中的一张，描绘的是蕨藻。这些插图均由哈维绘制，呈现了清晰的彩色图画，必要时还辅以放大的解剖图。任何一个拥有显微镜的人都肯定能将书中的插图和实际的植物联系起来。这是一本有史以来关于海藻最重要、最精美的著作。

绿藻

绿藻约有 12 000 种，但它们并非单一的进化群体。大多数藻类都生长在淡水环境中，但也有些生长在海里或作为地衣生长在陆地上。

爱尔兰植物学家威廉·亨利·哈维（1811—1866）痴迷于研究藻类“这些大自然最美丽、最精致的杰作”，因为“无用、复杂而深奥的科学介绍足以使我感到乐趣”。哈维于 1836—1842 年在南非担任国库总管，也可以叫作“女王陛下的快乐总管”，他在当地收获了丰富而实用的植物学经验，不过他也担心同事们发现他这股收集植物的热情。回到都柏林后，他便出任三一学院植物标本馆的馆长。1853—1856 年，他远航印度洋、澳大利亚和汤加群岛，采集和研究当地藻类。在探索澳大利亚海岸的 18 个月里，哈维采集、处理、干燥了 600 种藻类的 2 万多个标本。其中许多标本在后来被卖出，用来弥补他这趟旅程的开销。哈维提议写一本书，将零散的藏品分门别类，从而唤起“我们澳大利亚殖民地”业余和职业的博物学家对海洋生物学的兴趣。哈维确信，“无论我们的同胞去哪里，他们都可以把这些自然生物带回或寄回家。那么也许世界上就不会有哪个国家像英国这般拥有分布如此广泛的植物标本了”。

苔类和藓类植物

苔藓类植物约有 24 000 种，可它们大多微小而不太引人注目。不过，覆盖地球表面 1% 的泥炭地就是被藓类植物泥炭藓占据着。德国植物学家约翰·蒂伦尼乌斯（1684—1747）和哈维一样，也致力于研究这些不起眼的植物。1721 年，在植物界

右页图所示的金发藓是欧洲最大的藓类之一。《苔藓历史》同比它更有名的那本《埃尔特姆园艺》（1732）一样，书中的85幅插图均由蒂伦尼乌斯绘制。《苔藓历史》共出版了250册抄本，每册定价一基尼[①]，但反响惨淡，经济损失惨重。蒂伦尼乌斯还编辑了一个简略的版本，试图定价半基尼以弥补亏空，但这一版本并未出版。《苔藓历史》大概是蒂伦尼乌斯最具科学价值的著作，被林奈在《植物种志》（1753）中广泛引用。

① 英国旧时金币名。

Polytrichum.

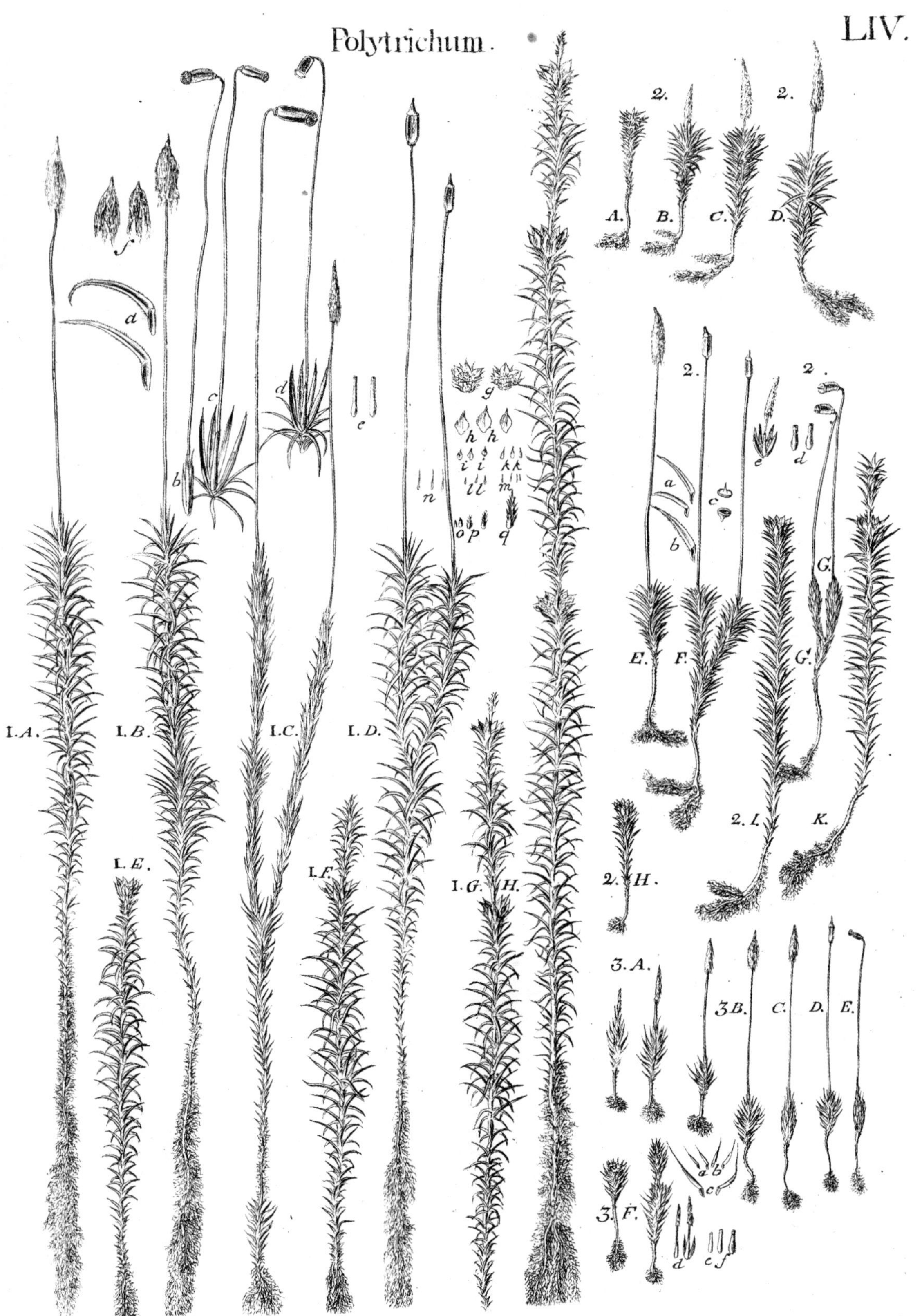

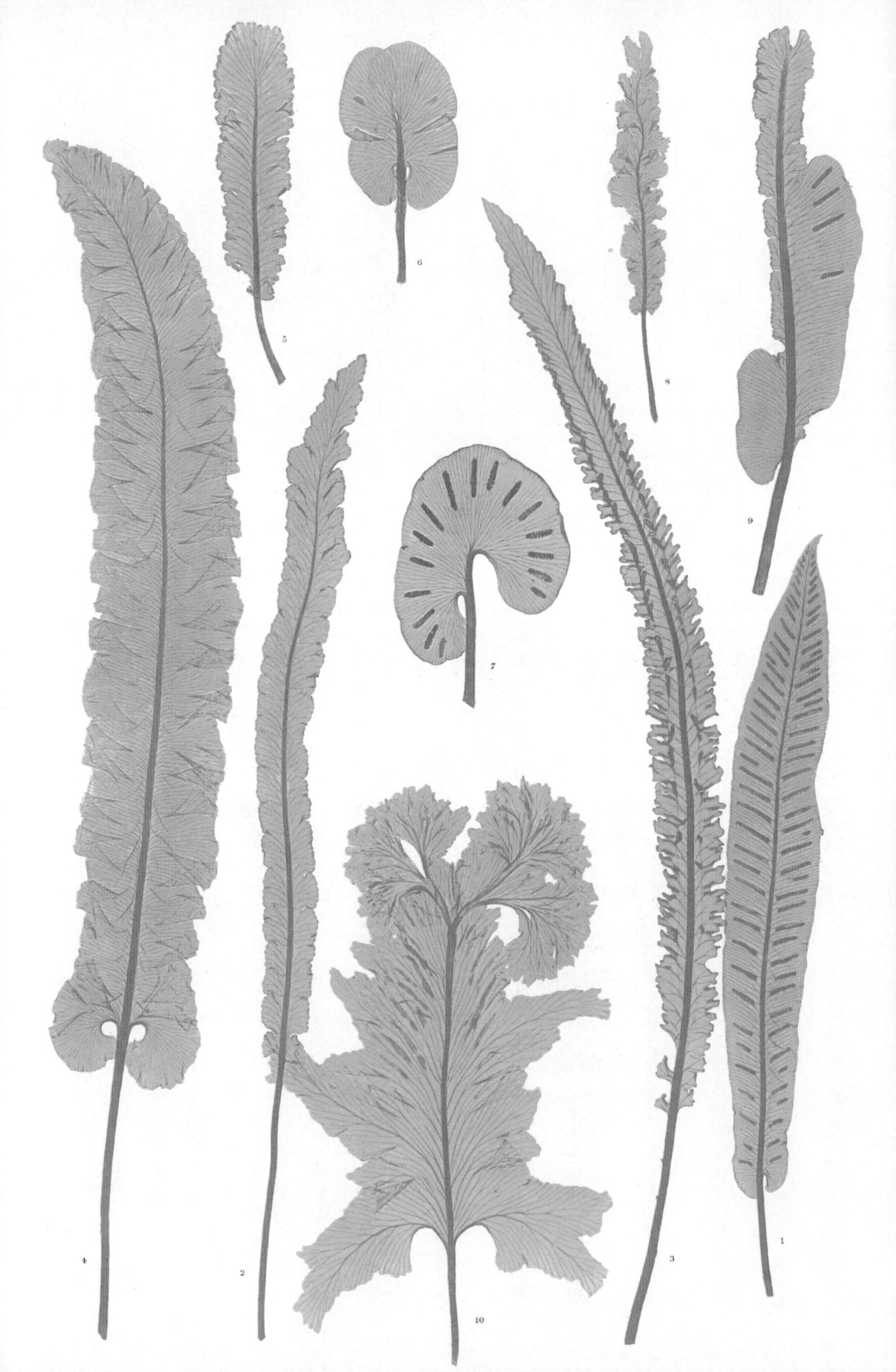
6
5
8
9
7
1
4
2
3
10

享有盛名的蒂伦尼乌斯在植物学家、外交家威廉·谢拉德（1659—1728）的资助下来到英国。在其著作《苔藓历史》(1741)中，他开创了列举所有“低矮植物”的先河，共计661种，其中包括菌类、地衣、藻类、藓类和苔类。书中涵盖的植物种类与蒂伦尼乌斯标本室中收集的种类有关，而标本室中的大多标本都是他亲自采集的。不过，18世纪早期还有许多杰出人物为此研究贡献了力量，其中包括约翰·巴特拉姆（1699—1777）、赫尔曼·布尔哈弗（1668—1738）、马克·凯茨比（1682—1749）、奥洛夫·摄尔西乌斯（1670—1756）、彼得·柯林森（1694—1768）、卡尔·林奈（1707—1778）、理查德·理查德森（1663—1741）、汉斯·斯隆（1660—1753）和阿尔伯特·冯·哈勒（1708—1777）。而这些标本来自英国、俄罗斯、美国的北卡罗来纳和南卡罗来纳、巴哈马、格陵兰岛、巴塔哥尼亚和澳大利亚等一些遥远的地方。

真蕨类和拟蕨类植物

蕨类植物约有13 000种，其中大多是热带植物。真蕨类和拟蕨类植物通常生长在潮湿、阴暗的地带，是常见的植物园和室内植物。这主要是因为它们拥有精致、繁茂而多种多样的叶子。事实上，在维多利亚时代的英国，采集蕨类植物风行一时。爱尔兰人帕特里克·伯纳德·欧凯利（1852—1937）采集植物（主要是爱尔兰巴伦的蕨类），再把它们卖给园丁，并以此为生。此时人们对蕨类植物热情高涨，于是更可能出版精美的有关蕨类植物的书籍。托马斯·穆尔的《大不列颠及爱尔兰的蕨类植物》便是一个例子，它于1857年由亨利·布拉德伯里出版。

托马斯·穆尔的著作《大不列颠及爱尔兰的蕨类植物》(1857)采用的是自然印刷法，十分精美。这种印刷法诞生于15世纪，操作简单，即将墨水涂在植物上，再将其压在纸上，通常在印刷机内完成。这种印刷植物图案的技术适用于天然扁平的物体，如左页图中所示的水整蕨。但此种印刷技术缓慢而脆弱，于是穆尔的出版商亨利·布拉德伯里将其改进：用软铅给标本印模，然后再用电镀法复制，再制成雕版。

裸子植物

裸子植物约有 800 种，其中最常见的是针叶树，如松树、落叶松和柏树。裸子植物（字面上指“裸露的种子”）通常是锥形的树木，其化石种类尤为丰富，分布在除南极洲以外的各大洲，其中山区里种类繁多。它们也是北方针叶林中的主要植物。18 世纪和 19 世纪的园丁，尤其是那些富裕的园丁，拥有亟待填满的土地和花园，他们都被针叶林塑造景观的巨大潜力所吸引。17 世纪末，欧洲人在中国寺庙中首次发现了银杏树，并于 18 世纪中叶将其引入英国。来自南美洲和太平洋地区的猴谜树则是维多利亚时代的宠儿。高耸入云的加州红杉也是如此，它是现存最高的生物，可达 115 米高。植物学和进化的奇迹千岁兰有着两个巨大的叶片和极短的茎，只生长在安哥拉和纳米比亚的沙漠，当它于 1859 年被发现时，在植物学界是一个现象级的成果。人们为了种植千岁兰付出了巨大努力。但由于其生长条件极不寻常，它至今仍是很难培育的物种。

艾尔默·伯克·兰伯特（1761—1842）是 18 世纪末英国研究植物的业余爱好者中的杰出代表之一，他有着雄厚的私人财产做支撑，对植物也有极大的兴趣。他创办的私人植物标本和植物图书馆是 19 世纪初世界上最重要的私人植物标本和植物图书馆之一。兰伯特也是植物学奠基者约瑟夫·班克斯爵士（1743—1820）和詹姆斯·爱德华·史密斯爵士（1759—1828）的好友。史密斯爵士出资买下了林奈所有的图书室和标本室后，兰伯特也成了伦敦林奈学会（1788）的创始人之一。兰伯特生活奢靡，他去世后，其藏品被售出以偿还他累积下的巨额债务。

艾尔默·伯克·兰伯特的《松属植物描述》(1842)是最早有彩色插图的植物专著之一。这种著作专注于特定植物种群而不是地理区域。书中的版画是由人工上色的，以许多当时杰出植物学艺术家的插图作品为原型。大多数都出自费迪南德·鲍尔之手，如右页图所示的落叶松。此外还有一些其他艺术家的作品，如乔治·俄瑞特、西德尼·帕金森和詹姆斯·索尔比。

最让兰伯特出名的，或许还是其杰出的图书作品《松属植物描述》，书中涵盖了几乎所有当时已知的松属植物。松属植物在经济和园艺方面有着极其重要的价值。不过兰伯特当时对于这种植物的定义更为广泛，而许多物种在现今已不属于松属植物的范畴。

被子植物

在过去 500 多年里，最受关注的植物类群便是被子植物。被子植物约有 35 万种，它们结构复杂。查尔斯・达尔文（1809—1882）称其起源是“一个讨厌的谜团”，直至今天，这个谜团仍未得到破解。我们现在知道，大多数花朵能够有性繁殖，但情况并非总是如此。关于植物是否能够交配也总是存在激烈的争论，我们将在最后一章探讨此话题。谈及花朵，总是要说到如何将花粉从雄蕊转移到雌蕊中。而种子却有许多分散的策略，以设法将后代带离亲代的生长地点。除此之外，种子还有休眠的特性，这也就意味着被子植物能够在空间和时间上更为自由地传播，能够开拓多种多样的生态环境。被子植物能够适应淡水和海洋栖居地，无论是温带和热带的森林，还是草原和沙漠，甚至是高海拔地区和极地，它们都能生长。

某些被子植物激起了人们探索和研究的热情，也使人痴迷，兰花便是其中之一。不过，德国植物学家卡尔・弗里德里希・菲利普・冯・马修斯（1794—1868）对棕榈树所表现出的极大热情或许更有趣些。他于 1817—1820 年在巴西长途跋涉，进行历险，扭转了人们对巴西植物的认识。他编纂了共 40 卷的《巴西植物志》（1840—

《棕榈自然史》（1823—1850）共三卷，彰显了卡尔・弗里德里希・菲利普・冯・马修斯的植物学家素养，为现代棕榈树分类法奠定了基础。书中插图反映了棕榈树的形态及其多样性，并为每个树种都配上了相衬的风景，如右页图所示。

Martius pinx. ad nat.

C. Hess in lap. del.

1906），这是有史以来最完整的巴西植物辑录。不过，最令他魂牵梦萦的还是宏伟的棕榈树，这种他亲身考察过的植物。马修斯墓上的铭文就是他热爱棕榈树的力证：在常青的棕榈树间，我重获新生。

第二章
走近植物

拥有植物园和图书馆，你便拥有了一切。

——西塞罗

无论是在植物园里，还是在更广阔的自然界，园丁和植物学家们都追求植物多样性。1492 年以前，西欧的植物学研究还集中在北欧和地中海一带的植物，对地中海以东和奥斯曼帝国土地上的奇花异草知之甚少。植物学的“大厦”以有限的知识、真假参半的理论和古代权威为基础，而新大陆的发现动摇了这一基础的根基。在文艺复兴和启蒙运动时期，世界变得更加开阔，已知植物多样性和对这些植物的认知急剧增加。

探索植物界使人们认识到植物多样性，它体现在植物园或田间的活体植物中，保存在标本室干枯的标本里，也记录在图书馆的书籍中。我们正是在田野、花园、

格奥尔格·马克格拉夫和威廉·皮索的著作《巴西自然志》(1648)，扉页绘图精美，图中有两个长着欧洲面孔的美洲印第安人，他们在栽植热带树木的林荫道口驻足，凝视着载歌载舞的村民。图上最醒目的地方画着被簇拥的海神，他慵懒地坐在贝壳后面，右手肘支在海龟壳上，左手搁在一个盛满海洋生物的花瓶上。图的右下角，一只食蚁兽正舔着蛤蜊壳；左边有一只爬树的树懒和一条缠绕着棕榈树的蛇。海神背后有一丛植物：神秘的菠萝、巴西的标志性植物木薯和闭鞘姜。西番莲花缠绕着猴钵树和棕榈树的树干。图画顶端的帷幔上挂满了热带水果。美洲印第安女子手里和她身后的树上都是一串串腰果。

威廉·皮索的《印第安自然医学》的扉页兼具亚洲和南美洲特色，显然是以马克格拉夫和皮索的著作《巴西自然志》（1648）的扉页为基础的，两者主体结构、图画左侧的植物和人物都是一致的。后者的海神被相应地换为马鲁古群岛特有的野猪和一只豹子，其后是以杜勒著名的素描为原型的犀牛和一只渡渡鸟；而渡渡鸟于1700年灭绝了。图画右侧是个亚洲人，他拿着一枝好似肉豆蔻的枝条，这种树是东南亚的马鲁古群岛特有的。

标本室和图书馆这四个基本的工作环境中积聚了对植物的认识。新的地点和环境对理解植物多样性带来了新的挑战。

马克·凯茨比是英国的博物学家、艺术家和探险家。他被北美洲的植物所吸引，探索了佛罗里达、北卡罗来纳和南卡罗来纳。他希望英国人能从植物学知识中受益：

> （北美洲的）一片森林绵延千里……这里肯定有着多种多样的乔木和灌木，这些木材珍稀无比，它们的树荫令人愉悦，可以在丰富和装点我们的树林时大显身手；它们形态优雅、沁人心脾，能为我们的植物园增添光彩和芬芳的香气。它们无论如何都远比我们本土的同类品种来得优秀。

凯茨比还发现：

> 在不到半个世纪的时间里，一小块美洲土地为英国家具提供的木材品种就已经远超过去 1 000 年间从其他地区获得的木材。

植物学考察

17 世纪初的一众植物采集者中，最为著名的就要数老约翰·特里德森特（约 1570—1638）和小约翰·特里德森特（1608—1662）父子了。老约翰·特里德森特抓住机遇，于 1618 年在俄罗斯的阿尔汉格尔斯克采集了植物，小约翰·特里德森特则于 1637 年前往北美洲的弗吉尼亚。1699 年，英国海盗威廉·丹皮尔（约 1651—1715）在澳大利亚西海岸的鲨鱼湾停留了几小时，获得了许多珍奇植物，甚至可以说在当时采集了最全的澳大利亚植物，这一记录直到 1770 年才被约瑟夫·班克斯和丹尼尔·索兰德（1736—1782）在澳大利亚东部所获得的更为全面的发现所打破。而英国人理查德·斯普鲁斯（1817—1893）则花费了大约 15 年，即在 1849—1864 年，在亚马孙河流域和安第斯山脉采集并研究当地的植物。

探索新植物的原因和手段繁多。其动机或自私或无私，其发起者可能是特立独行者，也可能是恪守制度规范的人。有的人认为植物只是探险的战利品；有的人是为了个人名誉和财富而探险；有的人想借此机会粉饰自己的名声；有的人是出于对知识的渴望，或是因为受到某种想法的启发。这些探险的资金，有的来自私人财富；有的来自私人、机构、政府或君王的慷慨赞助；有的来自犯罪所得；有的来自苦苦痴迷的回报。探险家们通常独自踏上征程，或者作为临时探险队和受委托企业的成员。他们能得到国家表彰，能在生前或死后获得少数人的认可，但他们往往只是他人英雄事迹的脚注，是植物的陪衬。

年轻的荷兰医生威廉·皮索（1611—1678）和德国天文学家格奥尔格·马克格拉夫（1610—1644）在德裔荷兰人约翰·莫理斯·范纳索·西根（1604—1679）统治荷属巴西时，受其鼓励探索巴西。皮索以自己在巴西东北部城市累西腓行医的经验为基础研究热带医学，而马克格拉夫则在殖民地探险，研究自然，并绘制地图。皮索于 1644 年回到荷兰，成了荷兰科学和医疗机构中富有且重要的成员。马克格拉夫则被西印度公司派往安哥拉，他最终在那里离开了人世。皮索出版了两人共同的研究成果《巴西自然志》（1648），其卷首插画精美，仿佛使人置身丰饶的热带天堂。皮索还创作了四本关于巴西医学的书籍，这也使他成为热带医学领域的权威人物。马克格拉夫是早期巴西最重要的自然历史学家之一，他所著的八本自然历史书籍在其去世后问世。

皮索的著作《印第安自然医学》（1658）的卷首插图也沿用了这一风格，该书其实是《巴西自然志》的第二版。而这本书的出版使得皮索与马克格拉夫的关系广受关注。皮索因未能认真对待马克格拉夫的工作成果而饱受诟病。林奈猛烈抨击皮索的作品；而其他人，如马克格拉夫的兄弟，则谴责皮索损害马克格拉夫的声誉，因为皮索曾称马克格拉夫为“他的仆从”，又指责皮索酗酒并有财务纠纷。林奈用皮索的名字命名腺果藤属植物，还特别讽刺说，这种植物的刺恰似皮索的坏名声一样令人不悦。相较之下，林奈将马克格拉夫的名字赋予热带那令人惊叹的蜜囊花科、蜜囊花属植物，以作纪念。

有识之士明白，探索自然界是一种变革性的机遇。亚历山大·冯·洪堡（1769—1859）曾清楚地总结过在新环境采集植物的震撼体验，少有科学家能与之媲美。谈及他的朋友兼同事艾梅·邦普朗（1773—1858），洪堡说："邦普朗向我发誓说，如果这种兴奋的感觉停不下来，他会发疯的。"洪堡长达 5 年的探险是 19 世纪最伟大的探险之一，他后来带着颠覆热带生物学研究的成果回到了欧洲。他的探险也推动了其他 19 世纪的生物学探索，如查尔斯·达尔文的小猎犬号之旅（1831—1836）。达尔文在这次远征中的观察成果日积月累，最终酝酿出了在 1859 年出版的《物种起源》。

此外，资助他人，让其代替自己完成探险也是一种方式。18 世纪初，马克·凯茨比对北卡罗来纳、南卡罗来纳和巴哈马的探险就是由科学家和绅士的垄断联盟资助的，其中不乏贵族，如植物学家、外交家威廉·谢拉德和詹姆斯·布里奇斯（1673—1744）以及尚多斯公爵一世和一座著名花园的主人卡诺斯。至于那些家底不是很丰厚，但又渴望在自家花园中率先种植某种植物的人，他们可以雇用某些人完成特定的任务。比如药剂师、园丁约翰·帕金森（1567—1650）就经常雇用"根茎采集人"，他还在 1608 年派医生威廉·博埃尔（1567—1650）去往西班牙采集植物。博埃尔的探险收获颇丰，为帕金森带回了超过百种球茎和种子。然而，英国多变的天气使其中大部分植物难以存活。但大多数植物自然死亡还不是最糟糕的，雪上加霜的是博埃尔还将一些种子带给了帕金森的强劲对手：

> 他（博埃尔）去西班牙几乎完全是受我的指派，但他却没给我带回什么好处，当我在"兜圈子"的时候，别人却抢占了先机：我每年费尽心血和金钱播种它们（多年生豌豆），想要最先公布成果，某些人（科伊斯）只在我的花园中见过这些植物，只从一位相关的朋友那里对它们有些了解。他也不让我知道他们的描述已经准备好了，以免被我阻止发表。

帕金森甚至失去了"拥有英国唯一存活的异域植物"这一声望的机会，"大师威廉·科伊斯……自多年以前便十分喜爱、珍惜这些小可爱（多年生豌豆）和其他所有稀有植物。他还在人世的时候曾信誓旦旦地告诉我，他在自己位于斯塔博斯的花园里种植了这种植物”。

植物考察是一项危险的活动：灾难、疾病和死亡的威胁无处不在，而考察者不必出远门便能有所体会。法国著名植物学家约瑟夫·皮顿·图内福尔认为比利牛斯山脉是十分诱人的植物猎场：

> 图内福尔在这无尽的孤寂中度日，如同最朴素的隐士。当地不幸的居民们竭尽所能生存，所以并没有很多人像他这样害怕窃贼。西班牙的游击队战士还屡次掠夺此地，他们想出了一个在这种境况下偷钱的计策。图内福尔则将西班牙银币夹在面包里，再随身携带。于是，面包变得又黑又硬。小偷们身强力壮，尽管他们没有看不起那些一无所有的人，却还是轻蔑地对待图内福尔。

然而，和那些在采集植物途中丧命的探险家相比，这样的冒险还是小巫见大巫了。在林奈众多出色的学生中，至少有五位在野外工作时“为科学事业献出了生命”：佩尔·洛夫林（1729—1756）在委内瑞拉丧生，弗雷德里克·哈塞尔奎斯特（1722—1752）在土耳其丧生，佩尔·福斯卡（1732—1763）在也门丧生，卡尔·弗雷德里克·阿德勒（1720—1761）在爪哇岛丧生，克里斯托弗·塔恩斯托姆（1711—1746）在越南丧生。1768—1771年，约瑟夫·班克斯乘远征号探险，他的九名随行人员中，有两人在途中丧命。大卫·道格拉斯（1799—1834）引入了一些今天我们所熟识的针叶树，他在夏威夷被一头困在坑中的公牛杀死。

在野外，一点点不耐烦和荒谬的举动都会影响巨大。1787年，约翰·霍金斯（1761—1841）在短暂探索塞浦路斯期间着重记录了探险家生活中某些微小的不便之处：

a
b
1
2
3 4
1
2 3 4 5

我们在一座古老修道院的祭坛前的地上铺了几个垫子，我四仰八叉地躺在了一块硬垫子上。这座修道院坐落于塞浦路斯最高峰之一的峰顶……我十分疲倦，只短短休息过几次，而我本次植物考察中的同伴约翰·西布索普打了一整晚的呼噜。于是次日清晨，我便早早逃离了我那冰凉难受的"卧房"。

苏格兰植物学家乔治·加德纳（1810—1849）20多岁的时候曾花了5年时间（1836—1841）在巴西内陆采集植物，并总结了在热带野外工作的经验：

旅行者在这些荒无人烟的国度所经历的苦难是那些从未踏上这些土地的人几乎无法体会的。旅行者时而被烈日灼烧，时而受暴雨侵袭，而这是只有在热带地区才有的体验。他们多年与文明社会隔绝，一连数月、不分季节地风餐露宿，被猛兽和一群比猛兽更为野蛮的原住民包围。他们在穿越大片沙漠时通常得在马背上携带水源补给，偶尔还会一连两三天吃不到固体食物，甚至遇不到一只猴子来让他们果腹。

英国探险家亨利·贝茨（1825—1892）在亚马孙河流域生活了11年（1848—1859），经历了各种各样的苦难：

由于难以从河流下游的文明世界获得消息，鲜有机会收到信件和书刊，再加上食物变质和短缺而导致的身体欠佳，我的生活极为不便。我迫切渴望

伊波利托·鲁伊斯和荷西·帕冯的著作《秘鲁及智利植物》（1798—1802）中收录了多名艺术家创作的金属版画，其中大多数植物都从未被画过。除此之外，许多植物注定成了家喻户晓的植物园和室内植物，如左页图所示的智利大黄和豆瓣绿属植物。

社会知识，渴望欧洲生活中激动人心的体验，而这种渴望并没有随着时间流逝而逐渐平息，反而愈演愈烈，最终几乎让人难以抑制。最后，我只好下了这样的结论：欣赏自然本身无法满足人类的心灵和头脑。来到这里的第一年，我处境最糟，在那12个月里，我没收到一封信，也没有汇款。年末，我已经衣衫褴褛；和旅行者的叙述方式不同，我那时光着脚在热带雨林中穿梭，极不方便；我的仆从跑了，我被抢得几乎一分钱都没了。

很多植物考察者最怕的事情是丢失他们的采集品和笔记。伊波利托・鲁伊斯・洛佩斯（1754—1816）、荷西・安东尼奥・帕冯（1754—1840）和约瑟夫・董贝（1742—1794）于1777—1788年在智利和秘鲁展开考察，但这次历险却充满了厄运。1785年2月，“迷人而奢侈”的董贝带着他采集的植物登陆加的斯，此前，他侥幸避免了在好望角的沉船事故，但他的采集品被扣押了；由于鲁伊斯和帕冯采集的植物在沉船事故中丢失，因此西班牙想获取董贝采集品中的一半。董贝于1785年10月返回巴黎，可在那里，他的采集品却因马虎对待遭到了更严重的损毁。鲁伊斯和帕冯则留在了秘鲁，他们剩下的那点采集品和笔记也在烧毁营地的一场大火中化为灰烬。他们两人于1788年回到了西班牙，着手出版自己的研究成果，辑录成《秘鲁及智利植物初探》（1794），不过书中几乎没有承认董贝的作用。1852年，阿尔弗雷德・拉塞尔・华莱士在返回英国时所乘的轮船起火，失去了他在南美洲采集的所有植物。洪堡总结了植物采集者和所收集的植物所面临的困境：“海面上海盗肆虐，旅行者唯一能确定的就是自己随身携带的物品。”

法律和现代伦理很少阻碍过去的植物考察者。有时，他们会来到充满敌意的土地上，这时获取许可、安全探险是必须的。一旦采集者能够获得安全保障，那么这片土地上的任何物种便都是囊中之物了。比如，1865年，英国商人查尔斯・莱杰（1818—1906）在玻利维亚非法采集金鸡纳树的种子，并将其贩卖给英国人和荷兰人。当时，金鸡纳霜被政府垄断，私自出售是违法的。20世纪，英国皇家植物园因为在19世纪涉嫌从巴西收购橡胶树种子，破坏了该国以橡胶为基础的经济从而名声受损。第四章和第五章将会更详细地对金鸡纳霜和橡胶展开讨论。植物考察的学术和经济回报很高，然而其社会代价（包括贫穷、战争、奴役和其他形式的掠夺）是巨大的。植物园和植物标本馆里的物种便是一个缩影，综合了那些往往被忽视的社会代价。这些代价可能出现在植物引入过程的各个阶段：从最初的植物采集，成功在新家生根，到被民众广泛接受。一些历史学家和政治家因此把植物采集的过程画成黑白讽刺漫画，称之为“生态帝国主义”。

图书馆

图书馆里有魂灵，有生者的惴惴不安，有逝者的所见所想。它们使得信息在文明和代际间流通。一座图书馆中有这样的记载：1865 年在布尔诺召开了一场显得平平无奇、冷冷清清的科学会议。会上，一位时年 43 岁、名不见经传的牧师发表了一篇关于植物杂交的论文。这位牧师就是格雷戈尔·孟德尔（1822—1884），他的研究成果在 20 世纪初终于得到了认可，他的遗传学观点微言大义，动摇了陈旧的推论。大约在同一时期，达尔文关于自然选择的伟大理论震撼了社会。然而和达尔文的情况不同，没什么人致力于阐述和传播孟德尔的想法。于是这些想法往往被搁置在不怎么被人翻阅或至少不太为人所知的期刊文章中，就这样尘封了 30 年后才被重新发现。

最早的植物学书籍是 15 世纪的植物志，其中包括药草的名称、插图、相关描述、特性和功效。它们是最早印刷出来的植物识别指南。这些植物志利用了更早一些时期的手稿，尤其是希腊医生迪奥斯科里德斯（40—90）的《药物学》。1500 多年来，《药物学》一直是植物研究方面的至高权威，这一情况一直延续到文艺复兴时期。20 世纪 30 年代，英国皇家植物园园长亚瑟·希尔这样描述迪奥斯科里德斯的《药物学》对阿托斯圣山上一位年迈的修道士的实用价值：

> 他是位了不起的老修道士，对植物及其特性有着广博的了解。尽管身着一袭黑色长袍，他走路的速度依然很快。他通常步行，有时也骑着骡子，把他的“植物志”放在一个又大又笨重的黑袋子里。这确实很有必要，因

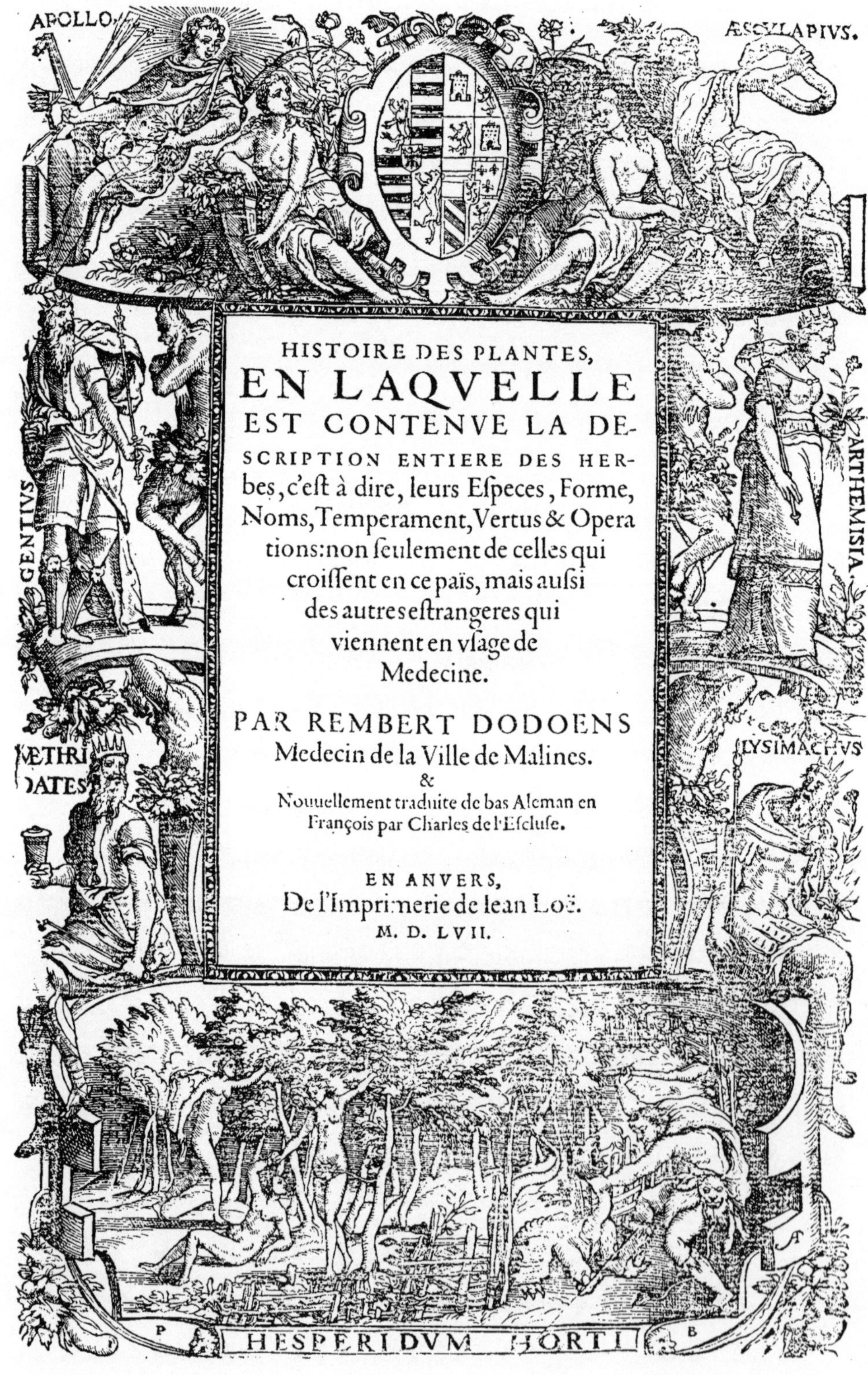

HISTOIRE DES PLANTES,

EN LAQVELLE

EST CONTENVE LA DESCRIPTION ENTIERE DES HERBES, c'est à dire, leurs Especes, Forme, Noms, Temperament, Vertus & Operations: non seulement de celles qui croissent en ce païs, mais aussi des autres estrangeres qui viennent en vsage de Medecine.

PAR REMBERT DODOENS
Medecin de la Ville de Malines.
&
Nouuellement traduite de bas Aleman en François par Charles de l'Escluse.

EN ANVERS,
De l'Imprimerie de Iean Loë.
M. D. LVII.

为他的“植物志”只是四卷迪奥斯科里德斯手稿的对开本，显然，这是他自己誊抄出来的。他总是在无法辨认植物的时候翻阅这本“植物志”取证。

《药物学》最早流传下来的誊抄本是插图精美的《维也纳抄本》(约 512)，其中有精美的插图，描述了 580 种植物。该抄本成稿于拜占庭，是为了献给当时的统治者安妮西亚·朱莉安娜公主(462— 约 527)。这抄本在 1 000 多年里辗转数人之手，最终于 1569 年抵达维也纳的帝国图书馆。18 世纪末，帝国图书馆也收录了迪奥斯科里德斯著作的另一插图抄本《那不勒斯抄本》，该抄本在《维也纳抄本》问世后约一世纪内于亚平宁半岛完成。艰苦、机械地誊抄文字和插图的工作难免出错，而这些错误通过多份手稿被盲目地传播开来，也保留在了印刷文本中，毕竟很少有人能够对照原本细细检查，更重要的是，很少有人会费心观察周围的植物。15 世纪和 16 世纪

兰伯特·多东斯的作品《植物史》(1557)轰动了两个世纪。它的扉页上有一篇精心设计的图画，与药用植物和天堂般的花园有关，如左页图所示。太阳神阿波罗在罗马神话中光芒四射，他能够带来疾病和瘟疫，但也有治愈的能力。其子阿斯克勒庇俄斯是希腊医术之神，从人马喀戎那里习得了医术。延蒂乌斯(统治时期为前180—前168)是伊利里亚的末代国王，据古罗马作家老普利尼称，他发现了龙胆草治愈的能力。阿尔忒弥斯(即罗马神话中的戴安娜)是希腊神话中贞洁与狩猎之神，在这里被刻画为一位中年女子，她与艾草有着莫大的联系。土耳其北部的庞特斯国王米特里达特(前132—前163)则提高了自己对毒药的耐受性，并创造了一种复杂的万用解毒剂，可解所有毒药。文艺复兴时期，人们用一种被冠以“米特里达特”之名的万用解毒剂来解毒，而在米特里达特去世1900年后，人们才开始使用“底野迦”这种解毒剂。利西马克斯(前360—前281)是亚历山大大帝的继任者，其统治范围涵盖色雷斯、小亚细亚和马其顿。扉页底部描绘了赫拉克勒斯屠龙以及前往金苹果园偷苹果的场面，而这却在20世纪为植物采集活动招来了许多非议。

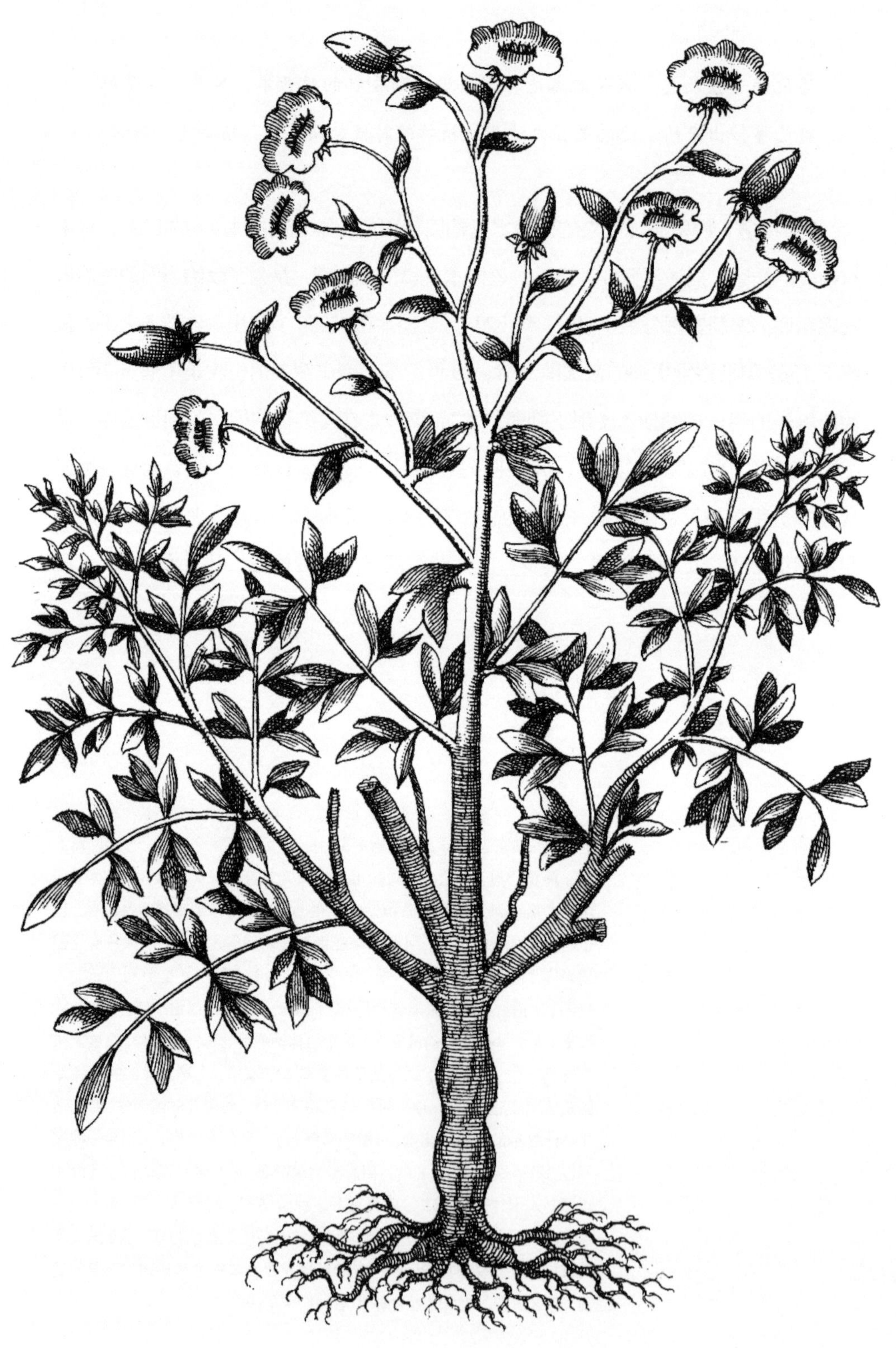

《迪奥斯科里德斯植物图鉴》中收录了骆驼蓬的插画，如左页图和本页图所示。该书被约瑟夫·弗兰兹·雅坎认作是《维也纳抄本》和《那不勒斯抄本》插图仅存的完美复制品。西布索普拥有这些插画，事实证明这对他前往地中海东部的旅程来说至关重要，因为他只能通过展示这些图片，向人们询问植物的生长地和名称，再将当时植物的希腊名和拜占庭名称一一对照。

欧洲的文艺复兴改变了这种检查抄本和循环复制的局面，而 15 世纪中期活字印刷术的使用对植物信息的可获取性产生了巨大影响，即使这些信息被富有或博学的精英们垄断。

这两份手稿于任何真正对药用植物有兴趣的人而言都是重要的参考资料。因此，18 世纪极具影响力的医生杰拉德・范・施威滕（1700—1772）支持将两份手稿中所有插图以原始尺寸用铜版画重新印制。这一雄心壮志最后并未实现，不过植物学家尼古拉斯・冯・雅克恩（1727—1817）倒是拥有两份校样。其中一份于 1763 年被寄给了林奈并最终由伦敦林奈学会收藏。另一份名为《迪奥斯科里德斯植物图鉴》，内含 412 张图，收藏在牛津大学里，是牛津植物学家约翰・西布索普（1758—1796）获得的，据西布索普称，"是凭着与雅克恩的友谊获得的"，但他的言辞含混不清，所以这些插图是被赠予还是借予他的，就不得而知了。

谈及《药物学》，16 世纪还有一批出版物试图对迪奥斯科里德斯记录的这些药用植物一探究竟。意大利医生皮尔・安德里亚・马提奥卢斯（1501—1577）因其著作《性文学评论》闻名于世，该书于 1544 年首次出版，轰动一时，第一版销售了 32 000 册，最终印刷了 60 次。迪奥斯科里德斯在地中海东部创作了《药物学》并为他所熟识的植物冠上了希腊名。不过马提奥卢斯从未去过那里。因此，迪奥斯科里德斯笔下的草莓树在马提奥卢斯看来应是野草莓树（Arbutus unedo），但要是他曾去过地中海东部，他就会发现，这里说的草莓树显然应是希腊草莓树（Arbutus andrachne），即浆果鹃属（Arbutus）的另一种植物，是地中海东部特有的品种。

对自然历史的深入研究

17 世纪以前，书籍只是富人和学者的"战利品"和工具。后来，普通人对园艺的兴趣与日俱增，他们也变得更加富有、更有教养，于是他们想要在自家花园里展示植物，也想要拥有那些关于植物和种植方法的书籍。到了 18 世纪，大量书籍被出版，不过当时这些书并没有特定的目标读者。乔治王朝时期，在家中设置图书室成了一种风尚，而图书出版业也借着这阵东风快速发展。令人唏嘘的是，书籍为一个家庭创造了学习的氛围，甚至吸引了学者们的注意，这似乎为书籍所有者增光，但其实他并不一定要读这些书。书籍，甚至使图书馆能够推动自然历史研究的发展，并使其更亲近那些渴求关于他们周围世界的科学知识的文化大众。19 世纪 50 年代中期，植物学家威廉·亨利·哈维在宣传其著作《澳大利亚藻类》时宣称："一系列配有插图或木版画的书籍在英国出版了，它们归属不同的学科门类，或动物学或植物学，从整体上极大地促进了自然历史研究。"而无论是哈维的读者，还是植物、动物学方面的许多其他图书的读者都必须经济宽裕。

一位评论家对兰伯特的著作《松属植物描述》怀有极大的热情，却也不无意见：

> 大幅插图、精美绝伦的版画和那用作凸版印刷的雅致框架，这一切都极大地增加了成本，以至于让很多本想购买此书的人知难而退了。也就只有那些经济宽裕的人才买得起这样的奢侈品了。

19 世纪初，出版大型图书的成本问题一直以来都让购买者和作者头疼不已。年轻的理想主义植物学家约翰·林德利（1799—1865）不得不放弃出版他的作品《植物选集》（1821）：

> 他（林德利）下定决心，不能为了公众的支持而少花心思和成本。而且，因为他本来也不求金钱回报，成书定价只是为了抵消出版的实际花费。然而，各种各样的原因（这里不再赘述）促使他断然放弃原来的计划，又出版了四本后便彻底放弃了这项事业。

"安汶的盲人预言家"格奥尔格·卢菲斯（1628—1702）是荷兰东印度公司雇用的德裔荷兰生物学家，其著作《安汶植物》让他声名大噪。该书对安汶地区（现属印度尼西亚）的植物进行分类，为此后马鲁古群岛植物的研究奠定了基础。然而，该书的"酝酿"和出版过程却十分艰辛。卢菲斯大约于 1666 年开始研究马鲁古群

A. vander Laan inv. et fecit 1741.

G.E.RUMPHII HERBARIUM AMBOINENSE.

HET *AMBOINSCHE KRUYD-BOEK* VAN G.E.*RUMPHIUS.*

岛的植物，却在 1670 年不幸失明，而不久后他的妻女均在一场地震中丧生了。然而他仍在助手的帮助下继续写作手稿。1686 年，他将手稿寄往荷兰印刷，但载有手稿的轮船遭到了法国人的攻击。1687 年，手稿插图又被大火吞噬。1690 年，前三卷书稿终于完成。1696 年，《安汶植物》安全抵达荷兰，被荷兰东印度公司档案馆收藏，直到后来阿姆斯特丹大学的植物学教授约翰・伯曼（1707—1780）才重新编订、出版了此书。手稿完整版最终于1741 年出版，而那时距离卢菲斯去世已有39 年，距离他开始这个项目已有 75 年之久了。

标本和笔记可能会散落天涯，收集的植物可能会腐烂或损毁，研究成果可能不会出版，其中的原因多种多样，或许是优先顺序的冲突，或许是个人原因，最不幸的是收藏者过早离世。18 世纪 90 年代初期，约翰・西布索普教授评价图内福尔的植物学遗产，对他在牛津的学生们说道：

> 他（图内福尔）的作品《东方植物描述》若是能在其生前出版，一定会成为一部伟大的作品，也或许能解释古人那些循规蹈矩的晦涩文章。

这些言论是有预示性的。六年后，西布索普英年早逝，他的学生们辑录了许多评论家对其学术遗产的见解。《希腊植物志》（1806—1840）和《希腊植物志初编》（1806—1816）汇集了约翰・西布索普分别于 1786—1787 年和 1794—1795 年两次地中海东部探险的植物学考察成果。1796 年西布索普逝世，而《希腊植物志》在此后很久才完成。《希腊植物志》是世界上最珍贵的植物志之一，首版抄本仅存 25 份。它是最杰出的植物志之一，它最负盛名的一点便是由艺术家费迪南德・鲍尔

格奥尔格・卢菲斯的著作《安汶植物》（1741）在其去世后很久才得以出版。在荷兰的黄金时代，处于远东香料群岛中心的安汶得益于肉豆蔻和丁香贸易，积聚了大量财富。左页图通过描绘安汶的堡垒，向欧洲展现该群岛丰饶的自然资源的图景。

ATHENÆ.

（1760—1826）手绘的 966 种植物的整页插画。鲍尔是世界上最优秀的植物艺术家之一，他在牛津工作，将他在野外与西布索普一起工作时创作的素描画成水彩画。这些素描四周写有数字，与鲍尔设计的一个颜色编码系统有关。鲍尔的创作速度极快，他完成一张水彩画大约只需要一天半的工夫。按西布索普的遗愿来出版书籍的成本非常高，这也就意味着《希腊植物志》十分昂贵：购买 10 卷书需要预付 254 英镑，总花费则高达 620 英镑。这其实意味着西布索普自己创造了极大的阻碍，使人不便获悉他在奥斯曼帝国那开拓性探险的成果以及这些植物蕴含的科学价值。他的遗产“供养”着世界上最珍稀、最壮观的植物志，却只供那些特权阶层使用。

左页图为西布索普和史密斯著作的《希腊植物志》第六卷（1826）的卷首插画。其为费迪南德·鲍尔创作的七张画作之一，小图所画是雅典。《希腊植物志》（1806—1840）和《希腊植物志初编》（1806—1816）描绘了约翰·西布索普于1786—1787年和1794—1795年前往地中海东部的两次探险。西布索普于1796年英年早逝，而《希腊植物志》在他过世后很久才得以完成。

牛津大学药草园出版首本植物园目录后不到30年，大卫·洛根在《牛津画卷》（1675）中收录了牛津大学药草园的平面图，如后页图所示。在植物园入口处，“老雅各布·博瓦尔特精心栽培的紫杉已长成参天大树”。绅士们、大学讲师们，还有两只狗在园内漫步，两位园丁在花圃里除草、松土。图画右上方描绘的是“常青树温室”。常青树，尤其是柑橘，是当时极受欢迎的植物。

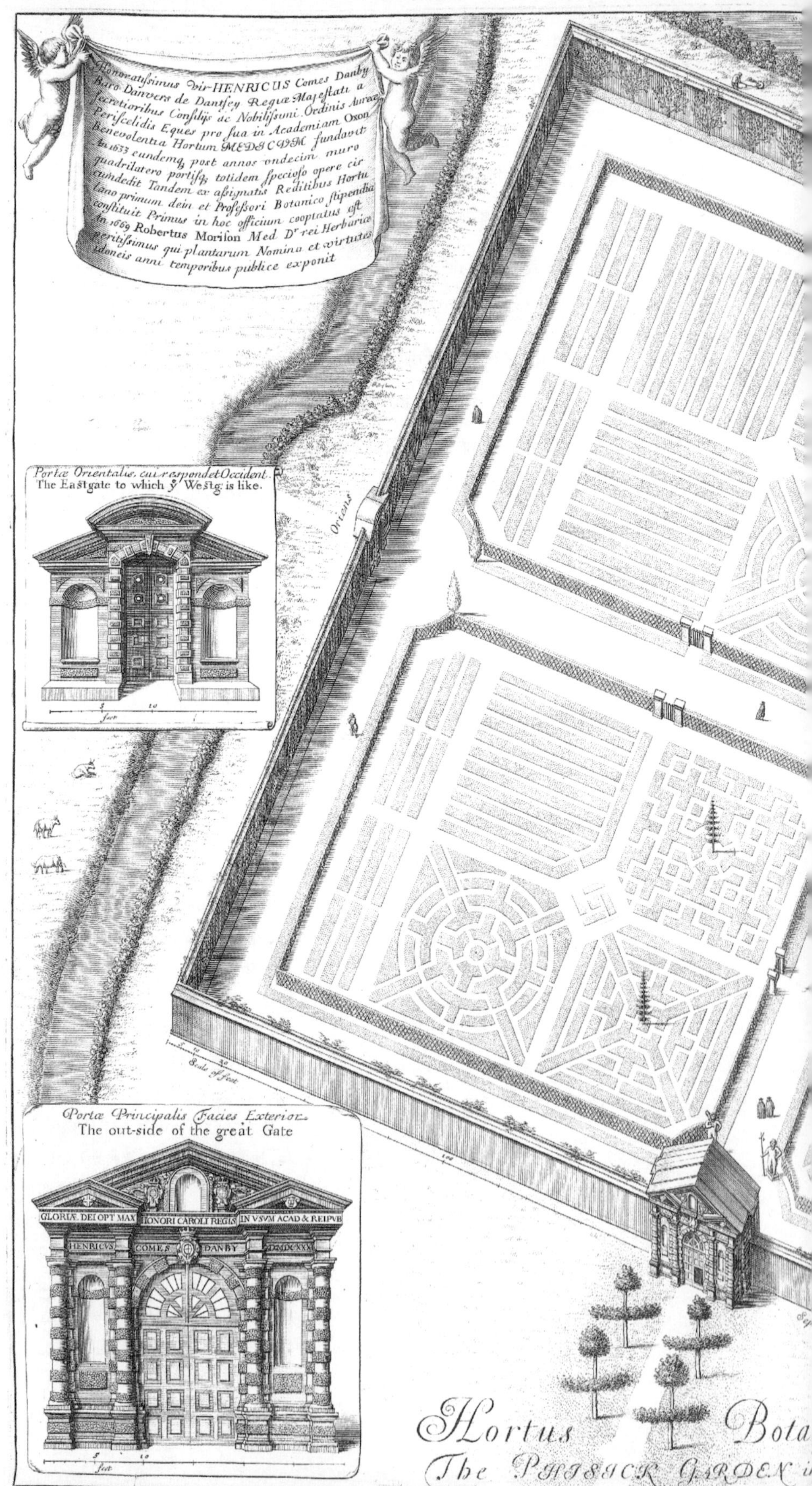
Honoratissimus Vir HENRICUS Comes Danby
Baro Danvers de Dantsey Regiæ Majestati a
secretioribus Consilijs ac Nobilissimi Ordinis Aureæ
Periscelidis Eques pro sua in Academiam Oxon
Benevolentia Hortum MEDICUM fundavit
An 1633 eundemq post annos undecim muro
quadrilatero portisq totidem specioso opere cir
cumdedit Tandem ex assignatis Reditibus Hortu
lano primum dein et Professori Botanico stipendia
constituit Primus in hoc officium cooptatus est
An 1669 Robertus Morison Med Dr rei Herbariæ
peritissimus qui plantarum Nomina et virtutes
idoneis anni temporibus publice exponit
Portæ Orientalis, cui respondet Occident.
The Eastgate to which ye Westg: is like.
feet
Oriens
Scale of feet
Portæ Principalis Facies Exterior
The out-side of the great Gate
GLORIÆ DEI OPT MAX
HONORI CAROLI REGIS
IN VSVM ACAD & REIPVB
HENRICVS
COMES
DANBY
feet
Hortus Bota
The PHISICK GARDEN i

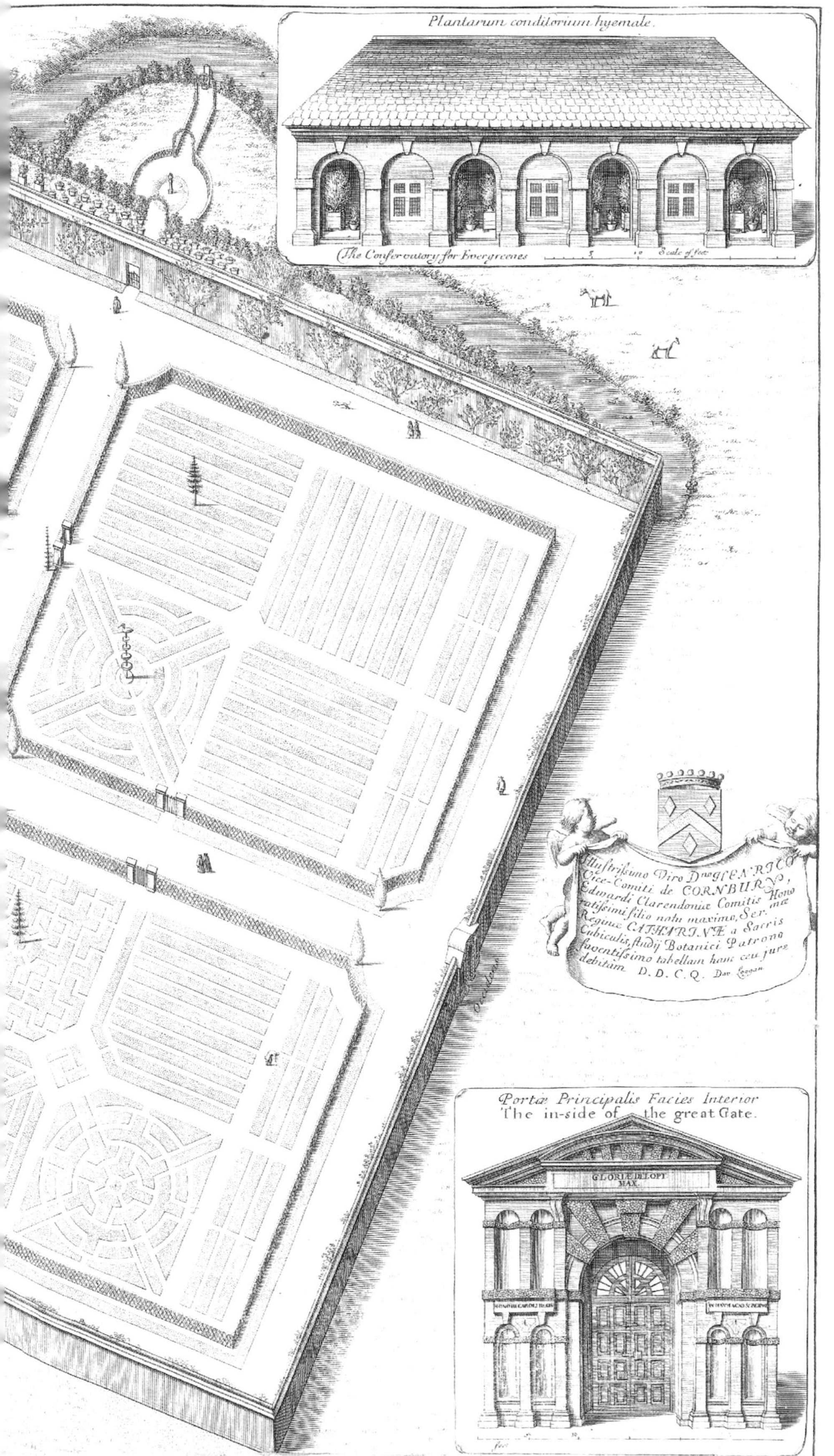
Plantarum conditorium hyemale.
The Conservatory for Evergreenes
Scale of feet
Illustrissimo Viro D.no HENRICO
Vice-Comiti de CORNBURY,
Edwardi Clarendoniæ Comitis Hono
ratissimi filio natu maximo, Ser. mæ
Reginæ CATHARINÆ a Sacris
Cubiculis, studij Botanici Patrono
faventissimo tabellam hanc ceu jure
debitam D. D. C. Q. Dav. Loggan.
Portæ Principalis Facies Interior
The in-side of the great Gate.
GLORIÆ DEI OPT. MAX.

植物园

植物园的起源可追溯到公元前 6 世纪科学的植物研究奠基时期，讲希腊语的爱奥尼亚城邦。收集活体植物的活动可见于雅典学园，也同样可见于古巴比伦、古代中国、古印度和古埃及。后来，在 16 世纪的南欧，随着医学院和人文主义的兴起，我们今日对植物园的观念才得以建立。起初，植物园是外科医生的一种工具，他们通过植物园获取药物、控制药品源头。1545 年，帕多瓦、佛罗伦萨和比萨已有植物园，到 1621 年时莱顿、莱比锡、蒙彼利埃、海德堡和牛津也有了植物园。法国国王路易十三的外科医生于 1635 年在巴黎建立了植物园，而爱丁堡药草园（即后来的爱丁堡皇家植物园）于 1690 年建成。植物园周围有时会有制药的作坊，帕多瓦植物园就是如此。不过也有些植物园和医药的关系不甚密切，例如牛津大学植物园。

牛津大学药草园（后称牛津大学植物园）建于 1621 年，有英国最古老的植物园之盛名。然而直到 1641 年该药草园的首任园长老雅各布・博瓦尔特赴任时，园内才开始种植植物。1648 年，该植物园出版的名录显示，园内已有超过 1400 种植物。同时，老雅各布・博瓦尔特还制作了一系列干燥植物，并着手培训下一任园长——他的儿子小雅各布・博瓦尔特。1675 年，艺术家大卫・洛根（1635—1692）在他的《牛津画卷》里收录了一幅描绘牛津大学植物园的版画。画中的四个圈起的“象限”似乎对应着已知世界的四个地区：欧洲、非洲、亚洲和美洲。埃文斯在《维特姆诺斯》（1713）中写道：“奇花异草，被精心培植在柔软的土壤中，静候您的帮助；它们来自遥远的国度，千里迢迢，向您致意。”

异域植物的培育

牛津大学植物园最初的关注点是药用植物，不过这很快就被一股更大的热情所取代，也就是培育不同寻常的已知品种和从帝国扩张的新领地引入的新物种，以及研究当时植物学的问题。北美洲植物在 17 世纪经约翰・特里德森特父子之手被引入牛津大学植物园，18 世纪又因彼得・柯林森和约翰・巴特拉姆等植物采集者的活动而数量激增。

此外，各阶级的私人园丁的影响力都在增加。18 世纪初伯明顿的毕福德公爵夫人玛丽・萨默塞特（约 1630—1714）便是其中最著名的一位；此外，还有埃尔特姆的詹姆斯・谢拉德（1666—1737）和米查姆的夏尔・杜布瓦（1656—1740）。后来，沃灵顿附近的约翰・布莱克本（1690—1786）等园丁的努力也受到认可，并成了许多园艺灵感的来源。

尽管园艺这种风尚扎根于上流社会，但社会各阶层都对植物感兴趣。1759 年威尔士王妃奥古斯塔公主（1719—1772）被说服，于她在邱园的居所置办了九英亩的土地，用来培育异域植物。这座植物园最终成为英国皇家植物园，是殖民主义植物园网络的中心，为蓬勃发展的大英帝国扩大了利益。由于环境的巨大差异，许多植物需要先适应不同的生长条件才可被移植，这便是使其与水土相服的过程。这一过程类似“炼苗”，“炼苗”是园丁们在将温室里培育的幼苗移栽户外时运用的手段。荷兰人在大航海时代的当口率先发现了通过植物园让植物与水土相服的方法。荷兰东印度公司在南非开普敦建造了一座植物园，它成了往来荷兰和远东船只的停靠点。

植物的经济价值

英国和其他帝国主义国家认为可以通过保存植物资源让子民们享有财富、健康和幸福。18 世纪最重要的英国植物学家约瑟夫・班克斯在邱园建成约 15 年后强调了植物的经济价值，并特别强调要控制植物供给。班克斯于 1768—1771 年参加了詹姆斯・库克船长（1728—1779）首次成功的环球探险，并一举成名。班克斯带回了大量干燥的植物标本并最终从中发现了超过 1 000 个植物新品种，至少 100 个新属类。这次探险极大地激发了英国科学界对全球植物多样性的兴趣。

班克斯确信，向世界各地派遣专业的植物采集人十分重要，这样可以为大英帝国保存植物。这种模式也被欧洲其他帝国效仿，尤其是法国。1765 年建成的圣文森特植物园与当时英国其他的植物园不同，是专为有重要经济作用的植物构建的苗圃，预备将这里的植物推广到西印度群岛。罗伯特・梅尔维尔将军（1723—1809）是英

兰斯当·吉尔丁所著的《圣文森特植物园记述》（1825）中从园长居所看到的植物园图景。

属卡比斯群岛南部的长官，他开辟出了六英亩的土地建造圣文森特植物园，并任命军医乔治·杨（1732—约 1810）为首任园长。尽管伦敦方面对这座新建成的植物园扶持甚少，而梅尔维尔的继任者很快便上任了，且对此漠不关心，但杨 13 年的管理工作可谓颇有成效。1778 年，英国将圣文森特植物园输给了法国，但又在 1784 年重新将它夺了回来。不过那时植物园已经荒废，园里一部分土地成了农田，而且存在着关于土地所有权的法律纠纷。1785 年，亚历山大·安德森（约 1748—1811）被任命为园长，得到了班克斯、梅尔维尔和英国政府的全力支持。1811 年安德森任期结束时，他所掌管的这座植物园已经成为大英帝国之光。最终，邱园通过类似圣文森特植物园散布在世界各地的植物园，将具有高经济价值的植物从原产地（通常在大英帝国外）运送到英国统治下的土地上：例如将茶叶从中国运到印度，将橡胶从巴西运往马来西亚，将金鸡纳树从安第斯山脉运往印度，如第四、五章所述。

库克的环球航行以及班克斯在途中所发挥的重要作用燃起了民众对异国风情的兴趣。然而，班克斯带回英国的大都是干燥的植物标本。英国民众和富有的潜在出资人却更想要能种在花园里的东西。班克斯手下的专业植物采集人会经年留在海外，将活体植物寄回英国。班克斯认为南非是他开展事业的最佳地点，而弗朗西斯·马森（1741—1805），这位机智的植物学家和优秀的园丁便是他首位植物采集人的合适人选。马森随库克一同踏上了库克的第二次环球探险（1772—1775）之旅，并于 1772 年 10 月抵达开普敦。马森最终在加拿大孤独离世，而他在去世前已经为英国引进了超过 1 000 种新植物。

维护植物园和私家花园的费用十分昂贵，而一旦资金开始枯竭，人们对于植物的热情就难以维系了。18 世纪初，乔治·克利福德（1685—1760）名下的坐落于荷兰北部海姆斯泰德的花园——哈特营是欧洲最负盛名的植物园之一，在林奈成长为植物学家的路上起到了至关重要的作用。约翰·西布索普在 18 世纪末到访该植物园，他却发现“克利福德的壮观的植物园……那被林奈誉为天堂的植物园，在多年之后已经不复存在，由于人们的忽视，那些奇花异草已经衰败，只剩两棵巨大的鹅掌楸树。一位年迈的园丁说，林奈时代的那些珍奇植物全都没能留下”。至于牛津大学，其植物学研究处于低迷状态，牛津大学对植物园也已失去兴趣，时任园长为约翰·西布索普。18 世纪 90 年代初，西布索普认为邱园“自然在欧洲首屈一指”，而对于牛津大学植物园则自嘲：“我们尽力在自然环境和援助的允许下让它变得丰富、有用。”尽管如此，他还是十分恼火地断言：

> 尽管用于学术研究的植物园远不如皇家出资赞助的那些植物园来得富丽堂皇，但是可能对植物学研究更有用。它们没有皇家和私人收藏的约束，又随时对公众开放，而且它们的功能是提供信息、娱乐大众。

18 世纪末全英国性的植物学狂潮绕开了牛津大学和牛津大学的植物园，几乎不留痕迹。

植物标本馆

植物标本馆收集了很多扁平、干枯的植物，自 16 世纪中期以来便对我们认识植物至关重要。植物标本馆通常被称作“干枯花园”或“冬季花园”，被视作干枯植物的“图书馆”。世界上最古老的植物标本馆之一（或许也是英国最古老的植物标本馆）是由嘉布遣会的修道士格雷戈里奥·德雷吉奥（？—1618）所建造的。德雷吉奥能在植物学界名声大振，是通过医生的实际工作积累经验，而非在植物园或图书馆里的研究。意大利植物学教授、博洛尼亚植物园园长朱塞佩·蒙蒂（1682—1760）将这座植物标本馆赠给了威廉·谢拉德，期望能够交换到汉斯·斯隆的著作《牙买加自然历史》（1725）的第二卷。可谢拉德还没能来得及给蒙蒂那卷书便过世了，而谢拉德的哥哥又拒绝给书。约翰·西布索普英年早逝后，德雷吉奥的植物标本馆便废弃在牛津大学植物园的附属建筑中，显然被人遗忘了。一直到 19 世纪末，“在 1606 年建成的那座格雷戈里奥·德雷吉奥的植物标本馆中有了些重大发现，其中还有在古柯园里挖出的一堆东西”。

人们现在常觉得植物标本馆过时了，是“某些学者受雇所收集的自然垃圾”。可是，它们揭示了植物的特性与其出现在特定时间和地点之间的关联，并且对当代关于植物灭绝、气候变化和物种进化的讨论至关重要。查尔斯·多本尼教授（1795—1867）是19世纪牛津大学引以为傲、活跃在学界的自然科学教授之一，他十分清楚植物标本馆的重要作用。1853年，当牛津大学正式接受菲尔丁遗赠时，他说道，“活体植物和植物标本都应该收藏”，并强调了活体植物与植物标本这两重元素对科学研究的重要性。活体植物是植物学狂潮的源头，也是详细了解植物结构的途径。植物标本确保人们能够随时接触到无法再生长的植物，推动了研究进步。约翰·雷（1627—1705）是17世纪英国最为著名的博物学家，凡是《植物历史》中他认识的植物，他都有可供分类工作随意取用的标本。然而，当他将在植物标本上看到的结构与活体植物对应起来时，还是强烈地感受到因缺少植物园而带来的不便。而雷的劲敌——牛津大学的植物学教授罗伯特·莫里森（1620—1683）就有随时进入植物园的权利。而园丁们也构建了活体植物和植物标本之间的联系。1691年，霍克斯顿的达比便将植物标本当作销售目录：

> 他有本对开的书，里面贴着各种各样的叶片和花朵，十分精美，比任何草本形状的剪纸都更有教育意义。

挤压植物

人们如何创新挤压植物的技术，我们不得而知。据推测，可能是画家在创作插图时，花朵偶然被夹在牛皮纸或羊皮纸中间从而发明了这项技术。不论是受到何种

《格雷戈里奥·德雷吉奥多样自然标本》于1606年制成，收集了博洛尼亚附近的植物标本，以书籍的样式装订，约含300件干燥标本，如右页图所示。所有标本采用的均是林奈双名法出现之前的命名法，且在标签上详细标明了植物信息，在当时独树一帜。

启发，总之，人们公认的首位标本制作者都是博洛尼亚大学的植物学教授卢卡·吉尼（约 1490—1556）。现代的植物标本都是嵌在单张卡片里的。相反，许多 18 世纪前的标本常常像是被装订起来的书籍。标本书的雏形是吉尼的学生威廉·特纳（1508—1568）在 1551 年对约翰·福尔克纳（卒于 1560 年）标本的引用："我从未在英国见过它（海乳草），只在福尔克纳从意大利带回的书里瞥过一眼，如果我没记错的话。"

然而，直到 17 世纪末，纸张变得相当便宜后，标本集才成为常用的科学工具，也成了好奇的英国民众的渴求之物。

标本制作的准备工作

18 世纪的植物学巨匠林奈敲定了标本制作的最佳准备、标记和处理方案，这种方案与现今的处理方式几乎无异。先将新鲜植物、水果或花朵平铺在纸张间，通过挤压快速干燥，保持平整。干燥后的标本就被嵌在一张张纸上，贴上标签。处理好的标本被安置在轻薄的纸夹中，同属物种被一同放在稍厚些的纸夹中，所有的标本被安置在一个适当的归档系统中，方便检索。这种制作技术显然很容易，如果处理得当，为标本除尘、除菌、除虫，那么就能制成可以永久保存的植物标本。然而，要使植物标本持续保有科学价值而非归于平寂或成为昙花一现的历史奇观，就需要妥善保管。

牛津大学拥有大量 19 世纪前的植物标本，这吸引了牛津大学毕业的药剂师、植物学家乔治·德鲁斯（1850—1932），他在 19 世纪末接管了这些植物标本的收藏工作，并从更广泛的历史意义上审视他人的工作成果。德鲁斯生动地描绘了植物标本当时的地位，而他也用余生致力于改变这种境况：

> 当……我初次见到这几卷集册（杜布瓦标本集）的时候，它们在植物园的讲堂充其量也就是阁楼的地方，被束之高阁。那里没有供暖设备，十分潮湿……莫里森（博瓦尔特）、蒂伦尼乌斯和谢拉德收藏的大量植物标

本散落着，无人看管，很多都没有镶好。就连菲尔丁收藏的植物标本大多都没有被命名，也只是粗略地分了类。

亨利·丹福斯曾于 1621 年向牛津大学捐赠了 5 000 英镑建立牛津大学植物园，并明确规定了这座植物园的使命为“赞美上帝，促进学习”，这一使命延续至今。丹福斯深谙植物园聚集各类植物能够增进人类对其了解的功能，而该植物园的首任园长也认识到了植物标本、植物图书馆和植物考察对于研究的重要。

研究植物的科学方法在 16 世纪登场了，然而还存在着更多新奇的研究手段，它们也都是植物学思想的重要组成部分。丹福斯将植物园视作天堂的杰作和“亚当夏娃之堕落”的缓和。还有人坚信他们能够通过观察植物来判断它们能够治疗何种病痛。科学与想象交织，而这些奇思在某种程度上已经延续至今。

第三章
植物神秘主义、神话与怪物

赤裸如真理，无所伪装，

是园丁为众神所造的天堂。

——威廉·霍金斯《牛津大学植物园园艺目录》（史蒂芬和布朗出版社，1658）

田园诗中形容天堂的概念是早于《圣经》中伊甸园的概念出现的。早在公元前4000年，苏美尔人就描绘了一片乐土：迪尔穆恩。那里的人从不生病，与动物和谐相处；两千年后，巴比伦人又在吉尔伽美什[①]史诗中追忆起这片富饶的土地。

然而，《创世纪》中关于花园的故事，以及人类被驱逐出囚禁他们的乐园的故事在西方和西方文明影响下的社会中传颂了几个世纪。关于天堂的神话经久不衰，

① 吉尔伽美什，传说中的苏美尔国王。

PARADISI IN SOLE
Paradisus Terrestris.
or
A Garden of all sorts of pleasant flowers which our
English ayre will permitt to be noursed vp:
with
A Kitchen garden of all manner of herbes, rootes, & fruites,
for meate or sause vsed with vs,
and
An Orchard of all sorte of fruitbearing Trees
and shrubbes fit for our Land
together
With the right orderinge planting & preseruing
of them and their vses & vertues
Collected by John Parkinson
Apothecary of London
1629
Qui veut parangonner l'artifice a Nature
Et nos parcs a l'Eden indiscret il mesure.
Le pas de l'elephant par le pas du ciron,
Et de l'Aigle le vol par cil du mouscheron,

不断削弱着人类的梦想。一个人回溯历史，穿越这几个世纪，他的幻想便成为虚妄，消失在历史的烟云中。维吉尔（前 70—前 19）在《牧歌》中写道，他曾在希腊田园诗中见过一个名为阿卡狄亚的失乐园，而在《农事诗》中，他将意大利描绘得几近完美：“春天在这里永驻，夏日绵延到其他的月份里；母牛一年产犊两次，果树一年两熟……没有凶猛的老虎，没有野蛮的狮群，也没有骗人的乌头草。”

天堂般的花园

《创世纪》中的花园伊甸园是一座人间天堂，在那里人类有享用不尽的食物，也永远不必忍受疾病的折磨，疾病只是亚当和夏娃被逐出伊甸园后才有的体验。“天堂”（paradise）一词起源于古波斯语“pairidaeze”，意为“公园或游乐园”，而这个词又源于“daeza”（墙）和“pairi”（周围）。因而，天堂是一个封闭的空间，借由某种方式与外界隔绝。已知世界与未知世界隔绝，驯养的与野外的隔绝，有教养的与无教养的隔绝。伊甸园是世人皆知的壮丽风景或花园的典型，它富有珍奇物种，与世人的繁冗日常并不相同。

约翰·帕金森的著作《帕金森的人间天堂》（1629）是英国园艺文学的里程碑，其扉页描绘了人们熟识的天堂般的花园景象。书名中蕴含着关于帕金森名字的双关，

克里斯托弗·斯威泽为《帕金斯的人间天堂》（1629）构画的扉页充满奇思妙想，与该书的经验主义风格形成了鲜明的对比，如左页图所示。亚当拥抱了一棵苹果树，夏娃则试图抓取一株草莓藤。一条小溪潺潺流过花园；后方是一片森林，前面则有一片草地。这片森林里有无花果树、苹果树、桑树、枸杞，还有一棵枣树、一些葡萄和玫瑰。草地上则有郁金香、菠萝、秋水仙、百合、仙人掌、石竹、仙客来、草莓和金毛狗。

可直译为“太阳公园的人间天堂”①。帕金森认为这座“公园”能够代表乐园中所有的植物，他把此书献给查理一世（1600—1649）的王后玛利亚（1609—1669）。卷首插画是木版画，由德国艺术家克里斯托弗·斯威泽（1593—1611）创作，画风和书中以事实为依据的文风形成一种奇异的对比。画面左上角和右上角有两团云，左下角和右下角则是两个盛满各种花卉的花瓶，那些花都是 17 世纪英国人民广为种植的品种，画面中央，亚当和夏娃在伊甸园中被上帝俯视着。尽管帕金森思想开放，他还是敬告读者莫要狂妄自大：“试图将艺术与自然比较、将花园同伊甸园相提并论的人就好比是在用蜘蛛的步伐来丈量大象的步伐，用蚊子的飞行高度来丈量雄鹰的飞行高度。”

寻找伊甸园

关于伊甸园的美丽传说颇具争议，包括它坐落何处，不计其数的人为此献出了生命，也有着大量的记载和研究。有些人认为伊甸园真实存在，不是在洪水中被摧毁，就是勉强留存。若是深受破坏但勉强留存，那么它应该会远离文明世界，被山川海洋阻隔，不过应在海平面以上，甚至可能在南半球或两极地区。它还有可能坐落于昼夜等长的地方，那里气候适宜，不冷不热，植物四季均可生长。当哥伦布于 1498 年 8 月初次登上委内瑞拉海岸（帕里亚）时，他在日记中坦白地写道，他相信这片新大陆就是《圣经》中的伊甸园。这里有所有应有的迹象：土壤肥沃、人民和善，甚至还有会说话的动物。此外，哥伦布没有遇上酷热的天气；他发现了奇异的新水果；美洲印第安人戴着金饰品；源自奥里科诺河的清流涌入帕里亚湾。哥伦布那时还坚信地球的形状像胸脯，他逆流而上，发现伊甸园坐落于世界的“乳头”上。

哥伦布声称自己在美洲发现了伊甸园，这在当时遭到了许多人的质疑。不过，在 16 世纪，许多西方探险家都希望能够在去往热带的旅途中找到伊甸园。西番莲的发现更让许多人坚信人们已经在新世界发现了伊甸园，因为他们认定这种植物与

① 原书名为拉丁语，其中“ParadisiinSole”译成英语是“Parkinsun”，与帕金森的名字谐音。

《圣经》中的典故有关。最初西番莲被冠以拉丁名，名为 *Flos passionis*，其通俗的英文名有复杂的宗教背景，与南美天主教传教士的《圣经》传教活动紧密相关。简而言之，西番莲的花冠象征着荆棘之冠；其形态象征着耶稣受难十字架上的三颗钉子；其花药象征着耶稣受难时所承受的五伤；其花瓣和花萼象征着基督身边的十位使徒；其掌状的叶子象征着迫害耶稣之人的手掌；其蔓象征着鞭子。1574 年，卡罗勒斯・克鲁修斯（1526—1609）翻译了尼古拉斯・蒙纳德的《医学史》，此后关于西番莲的这些说法便更为盛行，林奈将其采纳，给此花和其所属的种群都赋予"耶稣受难"之名。

不过，尽管人们发现了西番莲，还是有一些令人担忧的迹象表明：在美洲找不到天堂。这里有《圣经》和古代文献中不存在的奇异的植物和动物：玉米、马铃薯、可可树、菠萝、美洲驼、火鸡和巨嘴鸟。但是，美洲印第安人并不识字，他们还有食人等行为，因此早期的现代神学家很难将这里视作人间天堂。

创造伊甸园

如果觉得寻找伊甸园的过程太漫长，或许可以自己造一个。如果说伊甸园的奇花异草分散各地，那么美洲的发现就又让它们聚在一处。早期现代植物园掌握在欧洲学术界"贵族"的手中，正如其他花园归世俗的或宗教的贵族所有。据说，早期植物园的建立正是人们重塑自己的伊甸园的尝试。不过由于教会不能容忍，这种尝试几乎是不可能的。

科学理性主义和直接观察的发展伴随着植物园的建立，人们开始不再依靠先例判断事物，但是依靠权威的习惯还很难根除。阿尔弗雷德・拉塞尔・华莱士特别注重实证证据，他温和地摧毁了以人类想法解释植物世界的宗教和艺术观点：

> 诗人和道德家观察英国的树木和果子，认为小果子总是长在高大的树木上，它们从树上落下时不会伤到人，而大果子则会在地上留下痕迹。不

过人们已知的两种最大、最重的果实——巴西栗和榴梿就生长在高大的树上，它们一旦成熟便会落下，通常会导致当地居民受伤或死亡。从中我们可以学到两件事：第一，不可用片面的自然观总结一般性结论；第二，树木和果实一如动物王国的各种产物，并不是理所当然地专供人类使用和方便的。

到 19 世纪末，华莱士和达尔文的观察都为植物和动物的多样性提供了科学解释，也使人们意识到生命是不断进化的；停止进化终将导致物种灭绝。然而，浪漫主义、以人类为中心的观点仍或多或少地延续着。

形象学说

发现植物的崎岖之路上总有十字路口和丁字路口通向新的知识领域。然而，误解、野心、傲慢和迷信的死路也存在，特别是在涉及那些明显与人类健康相关的植物时。其中最出名的两条死路是形象学说和占星植物学，后者能在 16 世纪至 17 世纪最新颖、最流行的英国植物志中找到踪迹。形象学说认为，植物的形态反映出它能够治疗何种疾病，而占星植物学的信徒认为植物受恒星和行星的影响。

多样的西番莲是一种园艺成果。西番莲大约有500种，主要分布于新热带地界，特别是南美洲一带，在人们开辟新大陆以前一直不为人知。但也有少数几种（如右图所示）能够在旧大陆找到。*Murucuja baueri*是西番莲的一种，该名字是为了纪念费迪南德·鲍尔。约翰·林德利根据鲍尔19世纪在澳大利亚探险时的一幅绘画，出版了其版画作品《植物集》。Maracujá是西番莲在图皮-瓜拉尼语中的名字，现在仍在巴西通用，它的意思是“供应的水果”。这种水果果皮坚硬，形似一只碗，可食用的果肉包裹着种子。

Murucuja Baueri.

不过，这样的想法却不仅存在于英国，也不仅存在于 16 世纪和 17 世纪。这些观点自古便有，在许多文化中也都存在。据传在公元 5 世纪，禅宗始祖菩提达摩为了防止自己睡着，将眼睑割下扔掉。于是一丛有着眼睑状叶片的灌木便生长起来，用这种叶片做的草药能够缓解困意。在欧洲，这种学说在“存在链”观念主导的框架内建立起来，认为所有的生命都是为了人类的利益而存在的，而植物只是“绿色的动物”。但一些民俗学家认为形象学说被那些记录植物学知识的知识分子夸大了，这不过是用来帮助不识字的人记住实用植物的功效。17 世纪末，占星植物学家罗伯特·特纳（活跃于 1640—1664）总结了形象学说，认为它是一场神圣的捉迷藏，他断言“上帝在植物、芳草和花朵上留下了印记，就像象形文字一般，这是其效能的印记”。

颇具争议的瑞士医生菲利普斯·德奥弗拉斯特·博姆巴斯茨·冯·霍恩海姆（1493—1541），也就是闻名于世的帕拉塞尔苏斯，是形象学说的早期倡导者。意大利物理学家、数学家吉安巴蒂斯塔·德拉·波尔塔（约 1535—1615）和英国草药医生威廉·柯尔（约 1626—1662）则让形象学说以最可笑的形式广为流传。

吉安巴蒂斯塔·德拉·波尔塔在 16 世纪末至 17 世纪中期出版的 *Phytognomonica* 的许多版本中发展了自己的观点：多年生植物能够延长寿命，一年生植物反之；有黄色汁液的植物能够治愈黄疸；带有节的根茎或果实的植物能治疗蝎子蜇伤。波尔塔想象力丰富，将人类相面术与植物特性联系起来并广泛应用，这十分微妙。有幅木

为纪念法国化学家克劳德·路易·贝托莱和巴西栗巨大的尺寸，埃梅·邦普兰将其学名定为*Bertholettia excelsa*。邦普兰和亚历山大·冯·洪保德在南美旅途中收集了一些标本。他们根据法国艺术家皮埃尔-让-弗朗索瓦·图尔班的画作，创作了一幅木版画，画上按实际大小描绘了和炮弹一般大的果实，收录在他们于1805年出版的《赤道植物》（1805—1818）中，如右页图所示。

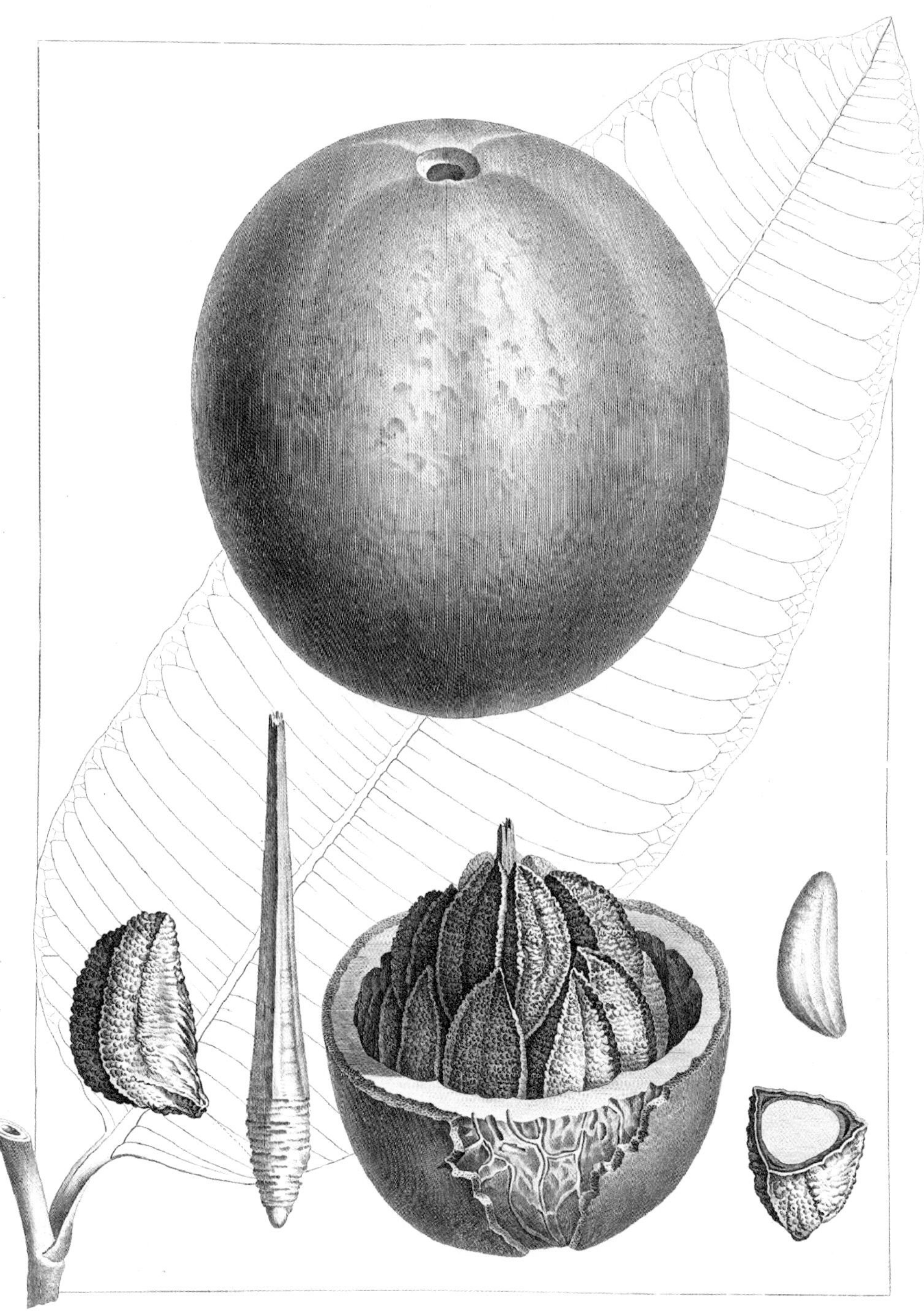

版画描绘了人类的下颚和牙齿被状似牙齿的各类植物环绕的图景，还有些木版画将叶片有刚毛的植物同牛和狗联系起来，而动物的睾丸和各种兰花一同出现，图上甚至还有独角兽的身影。

威廉·柯尔在《伊甸园中的亚当》（1657）中更是将形象学说的异想天开发挥得淋漓尽致。柯尔坚信：

> 胡桃有着头部的完美特征：外壳或绿皮代表颅骨膜或头骨的表皮，也就是头发生长的位置，因此用胡桃外壳或胡桃木树皮制成的盐对治疗头部伤口极其有效。里层的木壳则有头骨的特征，小小的黄色果皮包裹着果仁，就像脑膜一样包住了大脑。果仁则和大脑极为相似，因此对大脑极有好处，还能够抗毒药；将压碎的果仁用酒精浸泡，再放在头顶就能够极大程度地舒缓头部和大脑。

不过对于形象学说，各人都有自己的解读。人的“三角区”或许能对应草莓的三重叶片（也许正因如此，《帕金森的人间天堂》一书的扉页中夏娃才抓着一株草莓藤）或雄性兰花成对的块茎。柯尔发觉，上帝省略了大部分植物的印记。柯尔认为这是有意为之，为了鼓励人类运用自己的技能和智慧发掘它们的医药价值。16 世纪最著名的英国草药医生约翰·杰拉德（1545—约 1611）发现了数千种植物的“特性和独特印记”，因而对自己的技能引以为傲。

形象学说没有得到主流植物学思想的认可。16 世纪最杰出的草药医生兰伯特·多登斯（1517—1585）认为形象学说没有获得卓越的古代权威支持，变化多端且缺少定论，“只要科学或研习还存在，它就不值得被认同”。17 世纪末，剑桥郡的博物学家约翰·雷对形象学说提出反驳。17 世纪中叶，药剂师约翰·帕金森也有类似观点，他抛弃了哲学和神秘，支持实验。不过他却让西蒙·巴斯克维尔（约 1574—1641）这个庸医，也同样是形象学说在伦敦的著名支持者为他的《植物剧院》（1640）赠言。讽刺的是，仅仅十年后，帕金森的作品便被 17 世纪有趣的药

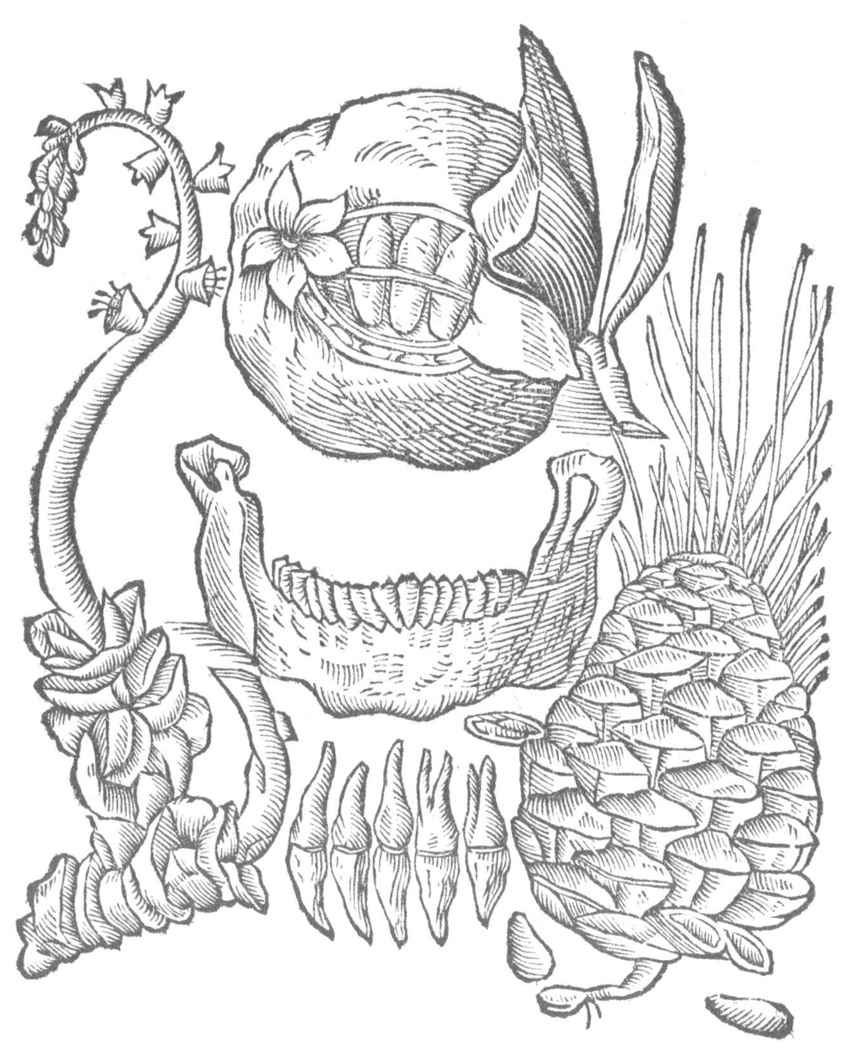

吉安巴蒂斯塔·德拉·波尔塔在《植物面相学》(1650)中以木版画的形式勾勒出栩栩如生的人类下颚和牙齿，后者被许多形似人类牙齿的植物环绕着。画上的是寄生被子植物*Lathraea squamaria*，也就是通常被称作齿鳞草的植物，其齿状的鳞位于茎的底部。松果的种子和鳞让波尔塔想到了牙齿。成排的石榴果粒被放在一个裂开的果实里，如同下颚包着牙齿。

剂师、占星植物学家尼古拉斯·库尔佩珀（1616—1654）直率地批驳：

> 杰拉德和帕金森……都从未有足够明智的创作理由，因此他们也只是在传统学校中训练年轻医生，像教鹦鹉学舌一般教导他们；作者这样说了，于是这便是真理；但如果所有作者的话都正确，他们怎么还会互相争执呢？至于我的作品，如果你带着理性的眼光看待，你就能找到我创作一切的理由。

占星植物学

占星植物学认为，人的生命和疾病都是受行星和恒星运动控制的。不仅如此，占星植物学还认为植物只是一场造福人类的神圣游戏中的“棋子”。在 16 世纪和 17 世纪的欧洲，植物受行星和恒星运动影响的占星植物学说得到了许多人的大力鼓吹。其中最臭名昭著的是帕拉塞尔萨斯、波尔塔和库尔佩珀。库尔佩珀大概是三人中最有名的，他详细地写作，试图证明自己的想象。波尔塔用图画阐释了占星学与植物的联系。在波尔塔的一幅木版画中，（长着人脸的）新月和月形水果或叶片有所联系。在另一幅画中，仙客来圆形的叶片和斑叶阿诺母成簇的球形果实和满月有所关联。

库尔佩珀是一位臭名昭著的占星植物学家，他也是 17 世纪中期正统医生的眼中钉。库尔佩珀则认为这些医生是“一群傲慢、无礼、专横的医生，他们有着 500 年前的知识和思维方式”。而他自己则遵从了理性的引导，将会超越所有那些“满口废话和矛盾，好比鸡蛋中充满了肉”的前辈。不过，尽管库尔佩珀遵从“理性”的引导，但他关于占星学对某些植物和疾病影响的论点充其量只是异想天开。

苦艾是一种属于火星的草……我可以证明；生长在“尚武之地”（martial place）的植物都是火星草[①]；而苦艾就常常生长在这样的地方（在锻造间和铁匠铺能采集到大把的苦艾草），因此，它是一种属于火星的草。

① 西方人用罗马神话中战神的名字 Mars 给火星命名，因此英文 martial 不仅意指火星，还有勇武之意。

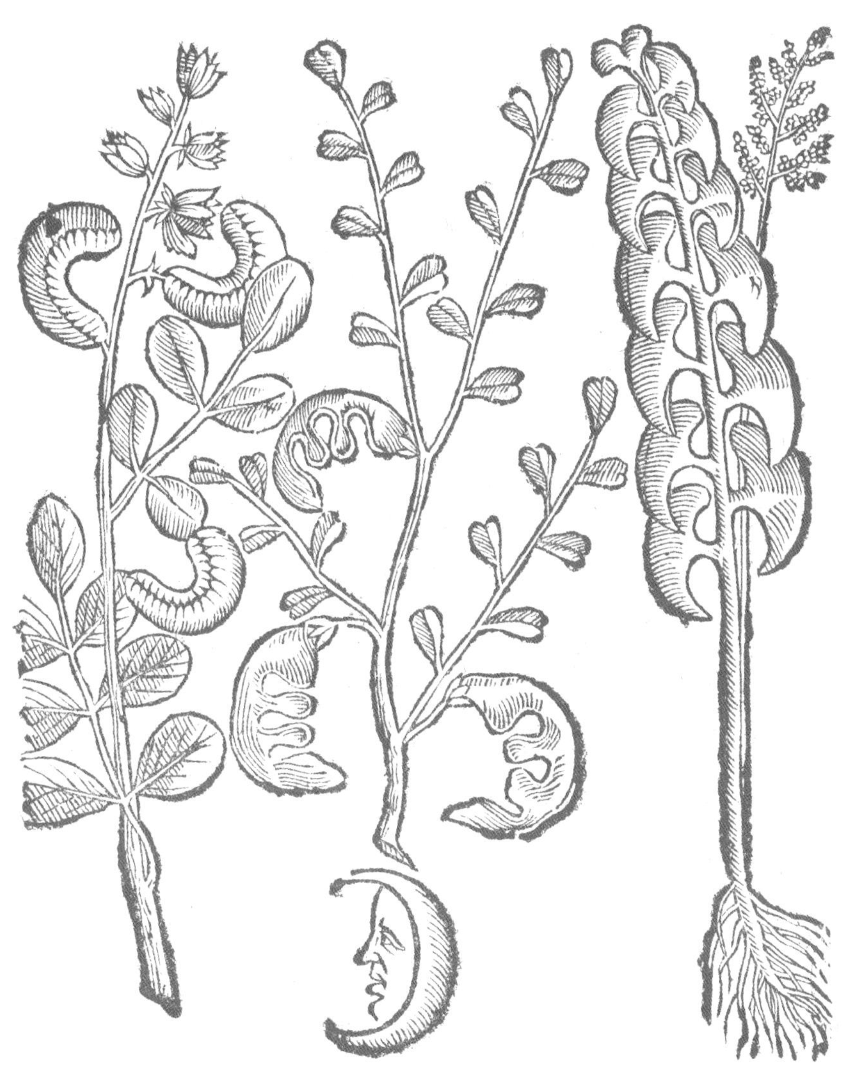

吉安巴蒂斯塔·德拉·波尔塔的《植物面相学》(1650)中的木版画展现了番泻叶、有着半月形果实的野豌豆和由许多月形小叶构成的扇羽阴地蕨。这些植物都被认为是受到了月亮的影响。

因此，苦艾对眼睛有好处：

> 眼睛受到日月的支配；太阳掌控着男人的右眼和女人的左眼，月亮则掌控着男人的左眼和女人的右眼，苦艾草这种属于火星的草则能治愈双眼；具备同一性的受太阳控制，因为其时太阳入庙曜升；而具备相异性的受月亮控制，因为月亮落陷失势。

库尔佩珀的许多同代人认同这些观点。尽管柯尔信仰形象学说，但他仍对这些占星学家持反驳态度，他提出了一种微妙的神学观点：根据创世纪神话，上帝在第三天创造了植物，在第四天创造了行星，那么占星植物学显然是无稽之谈，因为先果后因是不可能的。柯尔的愤怒是针对库尔佩珀的，因为“他并不了解被他踩在脚下的那些植物”，柯尔写道：

> 库尔佩珀大师（现已故去，故而我将尽可能谦逊地谈论他，倘若他还在世，我会说得更加直白）是个非常坚守己见的人；而他固执地认定不懂占星术的人都不适合做医生，仿佛他和他的同道中人是英国仅有的医生，而就我掌握的资料来看——无论是他的著作还是他人的报告——他显然是一个极为无知的人。

尽管批评声不断，但库尔佩珀的作品还是十分受欢迎，一版再版，至今仍在印刷。

形象学说和占星植物学的支持者有着天马行空的想象力，如同夏天变幻莫测的云。他们不受科学、理性或原则的局限，有的只是想象力和对权威的信任。民间传说中仍残存着这些信仰。时至今日，它们以一种更隐秘的方式在不太常见的“医疗实践”中扩散和演变。18 世纪末以来，欧洲人广泛运用虱草的种子防治虫害。根据顺势疗法的相关文献记载，虱草需要穿破岩石才能生长舒展。同样，愤怒的人和压抑者需要这种植物的治疗，正如虱草需要穿透岩石方可自由生长。

占星植物学和将占星术应用于人们的日常事务一样荒唐可笑。唯一能够影响地球植物生命的恒星就是太阳，其途径主要是光合作用。柯尔用事实说明了这种占星伪科学的潜在危害：

> 我不打算用一些空洞的概念欺骗那些乡下人，不打算像库尔佩珀先生那样给他们讲许多荒谬的故事。

植物奇珍

植物学家或许可以预见到，1818 年托马斯·斯坦福德·莱福士（1781—1826）前往苏门答腊的探险队能够发现一种寄生植物，即大王花。它既没有叶片，也没有可见的茎，只有一朵直径近 1 米的大花，几乎重达 10 千克。莱福士显然认定没人会相信自己：

> 我若是独身一人，若是没有任何见证者，我可能会害怕提及这朵花的尺寸（一整码①），我从未见过也从未听说过如此大的花。

自然界总是给人惊喜，因此植物学家必须期待意想不到的事物。但由于资料零碎，许多试图解释早期植物学发现的人难免有所误读。探险家常会遇见无法解释的物体，而他们的报告也常常被误解、误读甚至刻意捏造。中世纪的动物分类集中记满了神奇生物，从美人鱼、独眼巨人到人头狮身蝎尾兽；而同时期的植物也蒙上了一层奇异的色彩。

这些神奇生物的传说与希腊“存在之链”的说法息息相关。这种观点认为植物和动物之间没有明确的界限，万事万物都存在于一段“链条”中，这段“链条”持

① 码（yard）是英制中长度单位，1 码相当于 3 英尺，约为 0.914 4 米。

阿诺德大花草（大王花）是世界上最大的花，最早的记录可见于罗伯特·布朗《林奈学会会报》（1822）。罗伯特·布朗为这株植物冠以一位植物学家约瑟夫·阿诺德（1782—1818）的名字，后者在采集植物时付出了艰苦的努力。

久地联系着土地（岩石）和天堂（天使）。海绵将岩石和植物联系起来，植物羊则将植物和动物联系起来。人们认为植物羊栖居在亚洲的偏远地区，它们有着小树的根茎，这根茎支撑着一只羊羔的身体。一旦羊羔吃光了它能触及的所有植物，它就会死去，并播种繁衍。纪尧姆·德·萨鲁斯特在诗作《星期》（1578）中写道，植物羊是亚当漫步伊甸园时让他感到惊讶的生物之一；约翰·帕金森的作品《帕金森的人间天堂》的扉页中也描绘了这个传说。

不只幻想中的植物有奇异色彩，现实中也有神奇的植物。地中海和西亚地区的茄科植物曼德拉草或许是现实中传说最多的植物了。这些神话传说都源于曼德拉草有形似人体的根部，而其化学成分可用于制作药物、毒药和魔法药水。几千年来人们都在使用它，它也有许多有趣的不同语言的俗名，如："撒旦的苹果""愚人的苹果""撒旦的睾丸"和"龙之玩偶"。曼德拉草因"将其从土壤拔出时会发出刺耳的声音"闻名于世，"活人听到这种声音便会发疯"。人们相信，咒语、宝剑和圆圈能够保护采集曼德拉草的人，但最常见的办法是养只狗：

> 要拔曼德拉草的人应当把狗拴在草上，因为将其拔出的时候会有一阵巨大而尖锐的声音；否则，如果一个人自己将曼德拉草拔出，他走不了几步就会死亡。

的确，早期关于曼德拉草的插画中总是呈现曼德拉草的根部和一只死狗拴在一起的景象。曼德拉草看似强壮人形的根部被认为是强大的象征，仔细割下的曼德拉草根会有极高的市场价值，在16世纪的珍奇藏品中，假的曼德拉草根十分常见。曼德拉草的提取物可用在麻醉剂、催情药、催眠药、致幻剂和毒药中。剂量则决定了它能救人还是害人。少量的曼德拉草可作为一种强效麻醉剂，剂量增加则会引发精神错乱，而剂量过高则会导致死亡。用曼德拉草制成的酒也可作为麻醉剂，通常提供给那些被判火刑在木桩上烧死的人，而讽刺的是，它也是女巫的药膏中的重要成分。帕金森在《植物剧院》（1640）中批判了关于曼德拉草的迷信：

Atropa Mandragora

雄性和雌性曼德拉草——这是人们愚蠢的说法——在国内外都受到关注，它们完全是那些狡猾骗子的杰作。他们伪造赝品，骗人钱财。

有关植物的神话起源往往难以确认。德国探险家、博学家恩格尔伯特·卡普费尔（1651—1716）经过在中亚和波斯的大范围搜索，发现植物羊只是绵羊堕下来的胎儿，“令人作呕”。然而，还存在其他关于植物羊的说法，包括“它是今天被我们称作金毛狗蕨的蕨类植物被雕刻过的根茎”；也包括一些误解，例如认为它是棉株的果实；也有人将其与纤维混淆，认为它将地中海的一种软体动物和岩石联系起来。

对植物多样性的自然反应是对物种数量和多样的形式充满敬畏。这会促使人们利用并试图解释这种多样性。这便是应用（应用科学）与解释（纯科学）之间的矛盾。早期对植物多样性的解释以神学和神秘主义为基础，不过在 17 世纪至 18 世纪，科学解释很快便成了焦点。不过，即便是在 19 世纪初，也有这样一种观点广为流传：“他（上帝）已经给人类的理解力划下了特定界限，无法超越。”显然，人类智慧庭院的围墙是可以移动的，其界限仍有待探索。19 世纪末，查尔斯·达尔文出版了《物种起源》（1859），而修道士格雷戈尔·孟德尔为遗传学奠定了基础。染色体特性与 DNA 结构的发现与这些成果一同促进了科学研究的发展，最终引导人们理性地解释地球生命的多样性，破除了神创论的教条。花园不只是哲学或神学的一番天地，也被用于进行严肃的科学调查，为研究植物的功效和进化提供材料，还能够提供食物和药物。

有重要药用价值的曼德拉草根有着类似人的形态，这使它在数千年间流传于众多传说之中。其中一则涉及这样一种观点：当曼德拉草被拔起时，它会尖叫，杀死任何听到尖叫声的生物。因此，人们建议采集这种植物时借助狗的帮助。此外，人们认为这种植物的根既有雄性的，也有雌性的。就连具有批判思维的费迪南德·鲍尔也不能免受奇妙的神话影响，正如西布索普和史密斯的著作《希腊植物》（1819）第三卷中的铜版画（左页图）所示。

第四章
实用的植物

美妙的小东西，归根结底，

是我们父辈了解的美妙之物。

他们半数的药方可以让你起死回生，

他们大多的教导都是谬误。

——鲁德亚德·吉卜林《我们的老父亲》（1897）

人们与食用和药用植物有着密切联系。因此，最早一批现代植物园与医药、农业等植物研究实践有关也并不稀奇。自古以来，对植物及其保存方法的研究都被明确证实以人类为中心——为了满足人类填饱肚子和改善健康的需求。埃及的《艾德温·史密斯纸草文稿》（前 1550）涉及的药用植物至少可追溯至公元前 3000 年，公元 1500 年欧洲的植物研究则是被迪奥斯科里德（“植物药理学之父”）和泰奥弗拉

The grete herball

Whiche gyueth parfyt knowlege and vnde
standyng of all maner of herbes & theyr gracyous vertues whiche god hat
ordeyned for our prosperous welfare and helth/for they hele & cure all mane
of dyseases and sekenesses that fall or myssfortune to all maner of creature
of god created practysed by many expert and wyse maysters / as Auicenna
other. &c. Also it gyueth parfyte vnderstandynge of the booke lately prynte
by me (Peter treueris) named the noble experiēce of vertuous handwarke o
surgery.

斯托斯（“植物学之父”）两人的著作所引导的。

植物研究通常有两种截然相反的视角：哲学视角和应用视角。在西方文化中，哲学方法起源于希腊。收集植物学常识被归为医学等研究领域。然而“实用”常常被认作贬义词，“这是个模糊而愚蠢的词，从柏拉图时代至今，人们一直试图用这个词向别人隐瞒他们在一般性知识上一无所知的事实”。化学家罗伯特·波义耳（1627—1691）将炼金术士分为两类：重实践的“实验派”和重理论的“经验派”，他认为前者大多数是骗子，而后者态度认真；两者之间是通过经验获取知识和通过知识获取经验的差别，这种区分含有贬低的意味。

药用植物

在欧洲的医学界，诊断疾病的医生和直接为病人提供草药的药剂师各有分工。医生认为，细致的研究对有效利用植物制作药品非常重要；对植物错误鉴定可能有致命的效果。而收集、处理和售卖药用植物原料正是那些被污蔑的草药师和药剂师的工作。他们的技艺通常被归为迷信和秘术。泰奥弗拉斯托斯甚至嘲讽过用剑、狗和神奇圆圈采集曼德拉草的“繁文缛节”。形象学说的支持者威廉·柯尔曾抱怨医生们将采集药草的工作留给了药剂师，他们“通常听信那些愚蠢的采药姑娘的话，这些人带回的草药也通常并非他们所求，没有比这更令人难过的事了”。普林尼也在公元 70 年表达过类似的担忧：

> 可是渐渐地，经验这个在各领域，尤其是在医学领域最为出色的老师

左页图为《大植物志》的扉页。这本书由彼得·特雷维里斯于1526年首次印刷出版，此书原著为法语，受到了德语书《健康植物园》（1491）的影响，收录了最初出现在《德国植物》（1485）中的木版画。早期植物志通常混杂了更早时期作品中的插图。

让位于为文字，甚至只是言语。因为坐在讲堂听讲比起在特定季节去野外找寻各种植物更令人感到愉悦。

1889 年，牛津药剂师、植物学家乔治·德鲁斯抱怨道：

> 我们从事医学的朋友……几乎把植物学从他们的科学训练项目中除名了。他们要研制新的催眠药或者高效的可降温有机化合物，放在吱呀作响的药剂架上，我恐怕这种强烈的狂热会妨碍他们，让他们不再关注治疗学这更谦逊、更不张扬的“仆从”。

植物志

《大植物志》法语原著的英文译本（1526）是早期英国植物志中最著名的，它强调了植物重要的实用功效，强调了上天赋予植物舒缓人类疾病的作用和自然界的启示。书中写道：

> 哦，这卷宏伟之书的读者或实践者，这本高贵的书是为你们准备的。我恳求你们运用智慧，审视上天赐予人类的恩典，使人类拥有完备的知识，认识到这本广博之书中所有草木的价值。

16 世纪至 17 世纪的放血等疗法十分残忍，因此当时的人看起来也比今天的人更健壮。尽管《大植物志》创作于大约五个世纪以前，它却持同样的看法：

> 古时候人们常常用它（白藜芦）入药，就像我们今天运用胶旋花一样。由于那时人类的体质更为强壮，或许可以忍受白藜芦的强药性，而现在人的体质则要弱得多。

《大植物志》也灵活运用基督教神话和罗马、希腊神话。那些被疯狗咬过的人被劝诫去恳求圣母玛利亚，“你要是被咬了，就赶紧去教堂向圣母献上祭品，祈求帮助和痊愈”。而苦艾的医疗价值则被归功于罗马神话中的女神狄安娜。这本植物志最显著的一个特点就是揭露了“制造假药”的方法以保护社会大众：“为了让你们远离那些贩卖假药的骗子”，也关注获取医疗信息的途径，“让你们了解人类如何利用花园绿植和田间野草，如何利用药剂师配制的昂贵药物”。

植物园提供了一个培训医生的机会，训练他们辨认自己所开药方中的植物，也就此铲除了卖假药的江湖骗子。17 世纪初，药剂师约翰·帕金森出版了两本书，即《帕金森的人间天堂》和《植物剧院》，这两本书强调了关于植物的实用知识对于医生和药剂师的重要性。然而这两本基于帕金森实践经验的书，与约翰·杰拉德那本虚构的，甚至带有几分神话色彩的《植物志》(或称《植物通史》)(1597)相比，实在是鲜为人知。

约翰·杰拉德是一位富有的理发师和医生，也是当时公认的植物学权威。他在伦敦的霍尔本拥有一座品种丰富的植物园，许多在植物学界举足轻重的人物都曾前去参观，包括帕金森和医生、植物学家马蒂亚斯·德·奥贝尔(1538—1616)。《植物志》插图精美，出版后受到了热烈欢迎，被那些渴望了解植物，尤其是其药用用途的人追捧。这风光的表面之下，掩盖着一个事实：这本书是抄袭佛兰德斯学者兰伯特·多登斯(1517—1585)的著作，是其译本。杰拉德不仅盗取了多登斯的文本，将其翻译，还自作主张地添了自己的论断和想象，破坏了原书的客观性。比如，他声称自己曾目睹鹅颈藤壶生下了一只鹅，散播了一个 12 世纪以来就在欧洲流传的荒诞神话。《植物志》满篇错误，让人不禁去想，在出版前，马蒂亚斯·德·奥贝尔被要求修改的原稿差错最多的版本会是怎样的。1597 年出版的《植物志》扉页是寓言故事和当时重要园林植物图案的绝妙组合。1633 年，该书出版了第二版。这一版本由药剂师托马斯·约翰逊(1600—1644)对全书进行修订。他更正了许多杰拉德的错误，增添了几百处新插图和描述。

杰拉德的成功证明人们需要大量关于植物的书籍，而且如果要出名，那么就不

约翰·杰拉德的《植物志》(1597)并不完美，但它依旧是迄今为止最受欢迎的关于植物的出版物。其精美的扉页引人注目，包括杰拉德拿着马铃薯花的插图。这是最早出版的马铃薯插图。约1570年，马铃薯从美洲传入西班牙。

要让事实妨碍讲好一个故事。在 17 世纪初的欧洲，能治疗疟疾的金鸡纳树皮需求量很大。1679 年，剑桥的庸医理查德·塔尔伯（1642—1681）向路易十四（1638—1715）出售了一种“秘密”药方，因此发家致富。塔尔伯的秘密就是他买下了英国所有上好的金鸡纳树皮，将其磨成粉再倒进酒中。塔尔伯发现，金鸡纳树皮必须来自最佳产地才能够有好的疗效，酒精则能促进有效成分的溶出。然而，到了 18 世纪和 19 世纪，医生要在英国植物园内种植所有的药用植物已是妄想。

自古以来，尽管本土和引入植物的相对价值因时代潮流而异，但总是一同被使用。15 世纪和 16 世纪的植物志中常提到这样的观点：一个国家的植物能够治愈这个国家特有的疾病。帕拉塞尔萨斯和波尔塔这两位形象学说的鼓吹者也因此贬低外来药用植物的价值。1664 年，罗伯特·特纳声称“在怎样的气候下产生的疾病，就能在怎样的地方找到治愈良药”。这种信念从 19 世纪一直延续至今。“大自然在当地的药草中蕴藏了治愈最易感染的几种疾病的良方，在这个国度还有所有其他的国度里都是如此。”人们认为荨麻和酸模是一同被发现的，因为后者的叶片能够舒缓被前者刺伤皮肤的疼痛，这便是此种信念的证据之一。

另一方面，异域植物也被赋予了很高的地位。例如，17 世纪，人们用铁梨木治疗梅毒。用异域植物做药品并不是近来才有的现象。埃伯斯纸草文稿描述了约 150 种药用植物，其中就包括一些从其他地方引入埃及的植物，例如乳香和芦荟。亚述国王亚述巴尼拔（前 699 年—前 626 年在位）的《亚述植物志》中囊括了约 200 种植物的名称，涵盖了对东南亚的水稻、阿拉伯的没药和印度的姜黄等植物的介绍。

由于生长环境和时令有所差别，植物的形态和成分各异。这种差异可能源于其不同的基因组成，也可能是因为植物和环境的相互作用。因此，来自不同地区的植物可能外表相似，但即使它们在同一地区生长也会产生极为不同的药用效果。药剂师已经付出大量努力，试图从全球特定地区采集植物原料，从而确保药品质量可靠、始终如一。在花园中种植植物能够保证特定药用植物的供应终年不断，尽管这存在降低有效药用成分的风险。

在西方文化中，药用植物的使用通常要经过对古代权威手稿和印刷品的比对。

这一过程可能存在漏洞，因这种做法通常不考虑将这类文献中的植物名称与其现代名称对应，而且这种做法有所偏见，因为这种做法大面积忽视了农民的知识。此类文献中蕴含的知识是属于知识分子的，而传统情况下的知识却可能是人们口口相传的。这些口口相传的传播者可能并不了解古代文献，甚至不愿意关注它们。另外，由于种族、信仰或性别原因，这类文献中也没有囊括其他一些重要的信息。这种未被记录的药用植物知识很容易就会被湮没或被零散地、断章取义地记录下来。

金鸡纳霜狂热

金鸡纳霜（奎宁）在传统意义上是西欧最珍贵的药材之一，它是金鸡纳树皮的提取物，1945 年才被人工合成。汤力水中令人难忘的苦味就来自工业合成的金鸡纳霜。金鸡纳霜的发现是一个老生常谈的未解之谜。1638 年，唐娜・弗朗西斯卡・恩里克斯・德・里韦拉（卒于 1639 年），也就是德・钦琼伯爵夫人，在秘鲁饱受疟疾折磨，濒临死亡。在绝望之际，一位耶稣会教士建议她的丈夫——秘鲁总督给其使用一种此前也成功使用过的树皮提取物。不过对于当地人是否了解这种树皮可以作为退热药使用仍存在争议。总之，这种树皮很有效，伯爵夫人得以痊愈，而她幸存的故事也在她回到西班牙之后流传开来。欧洲人对金鸡纳树皮的狂热追求就此开始。

金鸡纳树是金鸡纳属植物，与咖啡树同属茜草科，林奈将其冠以“金鸡纳”之

右页图为1863年约瑟夫・道尔顿・胡克在《柯蒂斯植物学杂志》上刊出的一幅金鸡纳属植物的画作。金鸡纳属植物是金鸡纳霜的来源，是英国从新世界掠夺回来的战利品。不过，约瑟夫・道尔顿・胡克没有提及他的兄长威廉・道森・胡克1839年的作品。威廉・道森・胡克对金鸡纳树皮可作药用的说法不屑一顾，他也不相信金鸡纳树会在安第斯山脉几近灭绝。

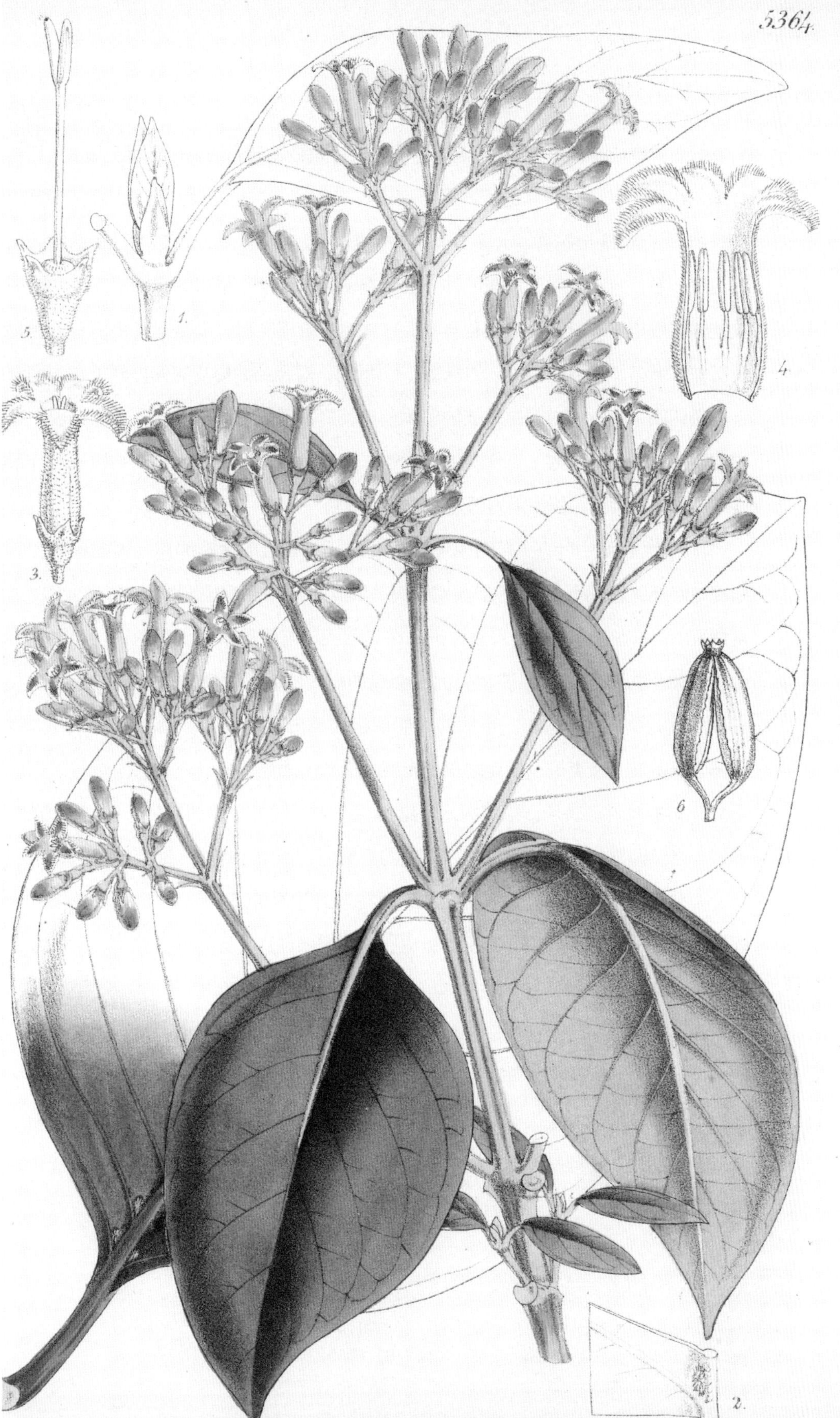
5364.
1.
2.
3.
4.
5.
6

名以纪念钦琼伯爵夫人[①]。在金鸡纳树的神奇疗效被发现后的一个多世纪里，人们对金鸡纳树所知甚少，对其能否治愈疟疾还存有争议，对运用其提取物则饱含偏见。金鸡纳属包含 23 个物种，大多分布于安第斯山脉。19 世纪，人们对这些品种的叫法莫衷一是，特别是对于那些能够分泌金鸡纳霜的品种。金鸡纳属中不同植物的树皮能够提取出不等量的抗疟疾化合物，这些树皮价格高昂，以至于几乎所有的苦树皮都被打上了“金鸡纳树皮”的标签。17 世纪，对金鸡纳树皮的偏见源于它与耶稣会的密切联系和人们对天主教徒的总体偏见，这种现象在英国和北欧尤为严重。据说英联邦护国公奥利弗·克伦威尔（1599—1658）就曾拒绝使用金鸡纳树皮治疗最终使他丧命的疟疾，仅仅因为那是“天主教的药”。

直到 19 世纪中叶，人们才从新世界各地运来野生的金鸡纳树。英国和荷兰的殖民地疟疾肆虐，因此需要控制金鸡纳树的供应。这些国家出资赞助一些重大的（通常情况下是非法的）项目：采集种子，在其殖民地培植、繁育金鸡纳树。英国人将金鸡纳树引入了印度以保护南美洲的金鸡纳树资源，那里树皮收割的过程明显具有破坏性：为了收集树皮，当地的人们砍伐成熟的金鸡纳树。然而，在 1839 年，邱园园长威廉·杰克逊·胡克之长子威廉·道森·胡克（1816—1840）撰写了一篇论文，文中他明确表示，修剪树木是维持生产力、促进金鸡纳树生长的最佳方法。不过，当邱园提出将金鸡纳树引入印度的方案时，威廉·道森·胡克的研究显然被其父亲忽视了。还有些迹象表明金鸡纳树在当时并不是无人问津的：如安第斯共和国曾于 1860 年出口了近 90 万千克树皮。这些迹象或许是因为一些政治敏感问题才被忽视了。

许多庸医、探险家和植物家奔赴南美洲，或只身前往，或由欧洲列强赞助，将植物带回欧洲种植。1853 年，荷兰植物学家贾斯特斯·查尔斯·哈斯卡尔（1811—1894）伪装成德国商人来到秘鲁和玻利维亚的边境找寻金鸡纳树，并且非法获得了西黄金鸡纳树及其种子。他带出来的西黄金鸡纳树最终枯死了，但是种子被运送到了爪哇岛。这些种子种下之后长势很差，也只能产出少量的抗疟疾化合物。这要么

① 金鸡纳属名 Cinchona，而钦琼为 Chinchón 的音译。

是因为优质种子被替换成了劣质种子，要么是因为哈斯卡尔根本就找错了品种。相比之下，植物学家休·阿尔杰农·韦德尔（1819—1877）于1851年从玻利维亚采集的西黄金鸡纳树蕴含的有效化合物是哈斯卡尔所采集的西黄金鸡纳树的12倍。在爪哇岛，哈斯卡尔的种子培育出了近100万株西黄金鸡纳树，而韦德尔的种子只培育出7 000株西黄金鸡纳树；然而，在这些植物生长后，人们才意识到这个代价昂贵的错误。

1860年，英国亚马孙探险家理查德·斯普鲁斯，在获得当地土地所有者收集种子的权利后，在公务员和探险家克莱门茨·马汉（1830—1916）的要求下，从厄瓜多尔收集了毛金鸡纳树及其种子。这些毛金鸡纳树和种子被送到邱园。1861年，463株健康的毛金鸡纳树被送到印度，在种植园中种植。一旦与气候条件和疾病有关的问题被克服，这些树就成为20世纪早期以前印度奎宁的来源。在印度建立种植园并不容易，因为播下了错误的种子，气候和土壤条件是错误的，而且普遍存在植物病害。此外，在将毛金鸡纳树引入印度的过程中，主要负责人之间也存在着政治和性格上的冲突。制造商倾向于从爪哇进口金鸡纳树皮，因为其中活性化合物含量更高，所以印度的毛金鸡纳树种植园逐渐衰败。

还有一些爪哇的西黄金鸡纳树由英国商人查尔斯·莱杰（1818—1906）引入，他于1865年在玻利维亚非法采集了40磅[①]重的西黄金鸡纳树种。当时，西黄金鸡纳树出口为政府所垄断。莱杰的活动得到了玻利维亚当地人曼纽尔·英克拉·玛玛尼的帮助。玛玛尼于1877年被殴打致死，显然是因为他参与了莱杰非法出口西黄金鸡纳树种的活动。莱杰曾打算将种子提供给英国人，但是被拒绝了，因为他们已经在印度种植毛金鸡纳树了。荷兰人勉强收下了1磅种子，将其栽种在爪哇岛，而他们发现这些树产出的抗疟疾化合物总量是哈斯卡尔采集的树种产出的32倍。这些种植园最终成了荷兰金鸡纳霜垄断的基础。一直到1942年，这种垄断才因日本入侵爪哇而被打破。第二次世界大战后，合成抗疟疾药物在疟疾防治方面更受重视，金鸡纳树的商业价值也因此降低了。

① 1磅≈0.453 6千克。

斯普鲁斯探险成功后，英国人在厄瓜多尔采集金鸡纳树的种子的努力并没有因为其采集活动被法律禁止而受到阻碍。1861 年 11 月，植物学家、园艺师罗伯特·克洛斯（1834—1911）曾致信印度事务大臣：

> 我曾听说，厄瓜多尔政府已通过一项法令，禁止金鸡纳树的种子和植株的出口，私自出口罚金高达每株植物或每德拉克马[①]种子 100 美元。但我在与莫卡塔先生（英国副领事）商议后，同意前往洛萨采集树种。

金鸡纳树的种植引发了在异域栽培植物的三个常见问题：第一，欧洲的园丁们可能不了解如何培育此种植物。第二，正确认识和了解植物基本生物学常识至关重要。第三，物种多样性对植物栽培及植物产品的功效也可能十分重要。

食用植物

人类为了粮食生产对自然环境进行改造。森林被夷为平地，湿地和沼泽被排干，草原被开垦成田地，山坡被修筑为梯田。农作物在世界上至少八个不同的“农业伊甸园”中生长进化，如大麦、小麦之类的谷物多样性最丰富的地区是近东，辣椒、红花菜豆和玉米多样性最丰富的地区是中美洲，马铃薯多样性最丰富的地区是安第斯山脉，茄子多样性最丰富的地区是印度。

如果没有小麦、椰枣、大麦和水稻等食用植物，欧洲和亚洲的文明将不可能存在。人们将这些“古老”的主粮作物从“农业伊甸园”中移植出来，并且建立起种植这些作物的知识库，这都远远早于他们建立最初的植物园。而新世界的主粮作物，如玉米和马铃薯，在最近 500 年里才成为欧亚农业系统的一部分。许多“新”的和“旧”的食用植物在植物园中被更广泛地种植，在植物园内可以试验新的变种，以提高作物质量、生产力和普遍适应性。

---

① 1 德拉克马 ≈4.37 克。

椰菜

椰菜，又名甘蓝，喂养了欧洲人数千年，或者至少数百年之久，但它其实原产于地中海东部和小亚细亚地区。椰菜离开地中海地区后，不同的人侧重其不同特征，培育出不同的品种。1648 年，老雅各布·博瓦尔特在牛津大学植物园中种植了许多杰拉德和帕金森熟识的椰菜品种：白球甘蓝、花椰菜、皱叶甘蓝、卷心菜，以及野甘蓝和海甘蓝。

1658 年，紫甘蓝被添加到了园艺名单上。17 世纪 60 年代，人们也开始培植不同寻常的品种，如抱子甘蓝，其叶片表皮上还长有小叶。

这些甘蓝品种都源于野甘蓝，是根据不同特征通过人工选育的。羽衣甘蓝和结球甘蓝叶片间根茎长度不同，长成的球体或松散或紧致；菜花和西蓝花厚实的花朵和花柄没有发育完全；球茎甘蓝的根部很大；抱子甘蓝则有极大的花蕾。1860 年，即达尔文出版《物种起源》的前一年，塞伦赛斯特农学院的研究员通过简单育种实验用英国海岸的野甘蓝培育了西蓝花以及其他类似的甘蓝品种。

羽衣甘蓝是人们最早培植的品种。18 世纪之前，甘蓝在英国通常使用它的盎格鲁 - 撒克逊名字“colewart”，羽衣甘蓝更是如此。不过羽衣甘蓝不太能适应北欧的寒冷环境。在那里，人们培植了耐寒的结球甘蓝品种。古典作家不曾提及结球甘蓝，中世纪欧洲文学也只模模糊糊地提到过一些。但 1536 年，让·鲁尔（1479—1537）准确无误地描述了一种白色的结球甘蓝；紫甘蓝则出现于 35 年后。结球甘蓝的向西迁移始于 1541 年，法国航海家雅克·卡地亚（1491—1557）将其引入了加拿大。到 1669 年，结球甘蓝已经在美洲的英属殖民地上生长了。

普林尼所熟识的花茎甘蓝直到 18 世纪初才在英国繁衍生息。现在最常见的花茎甘蓝有着大而绿的花序，状似菜花，美味可口，俗称西蓝花。菜花则是人们早就培植的品种。12 世纪西班牙的菜花被认为是从叙利亚引进的品种，16 世纪去往土耳其和埃及的旅行家描述了它们的培植过程。在 16 世纪的英国，菜花非常罕见，被称为塞浦路斯甘蓝，彰显了其种子源于地中海东部。不过在 17 世纪初，它就已经是伦敦市场上常见的蔬菜了。

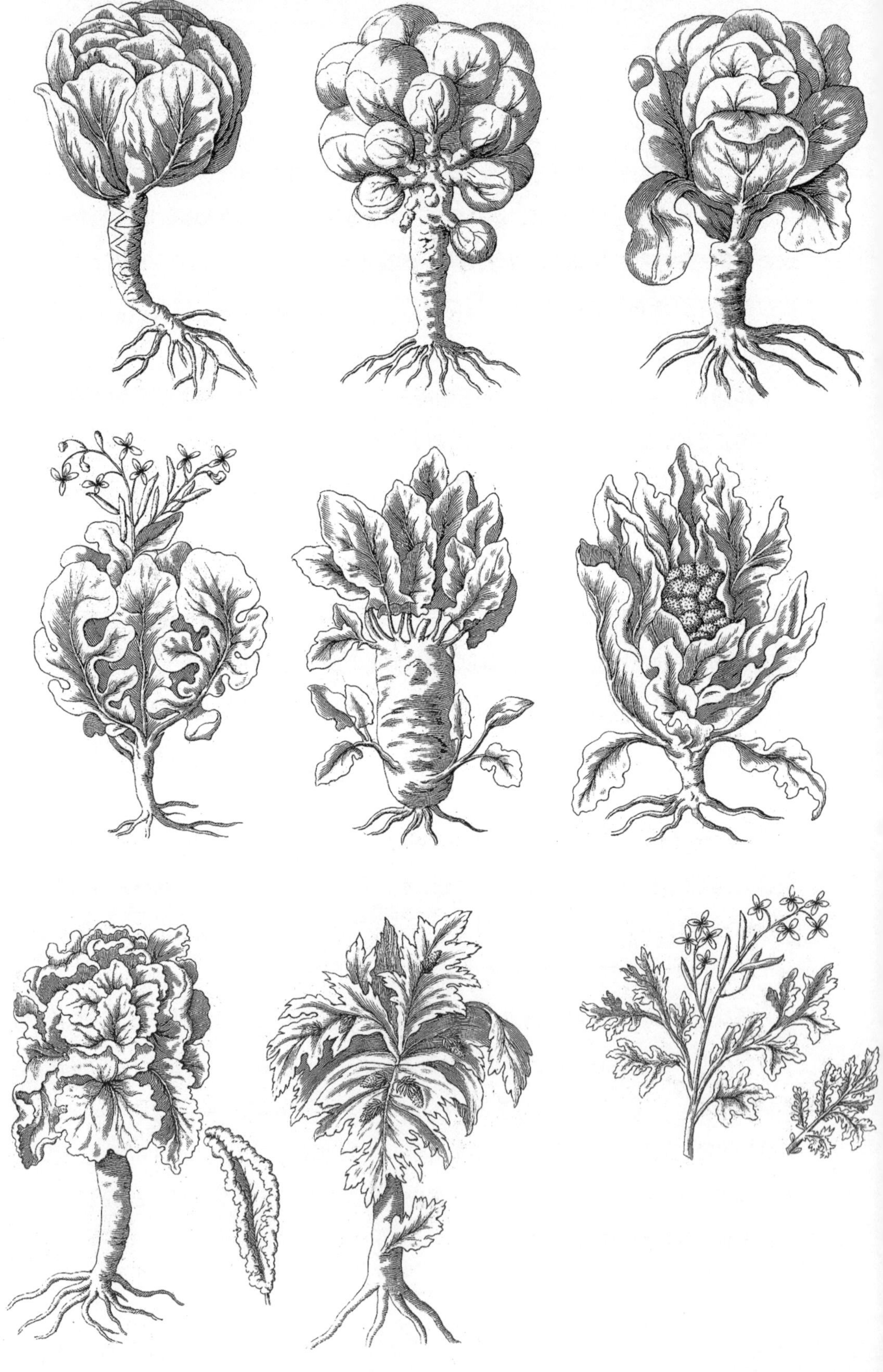

Peint d'après nature par Mme Berthe Hoola van Nooten, à Batavia. Chromolith par G. Severeyns lith. de l'Acad. Roy. de Belgique.

GENERA.

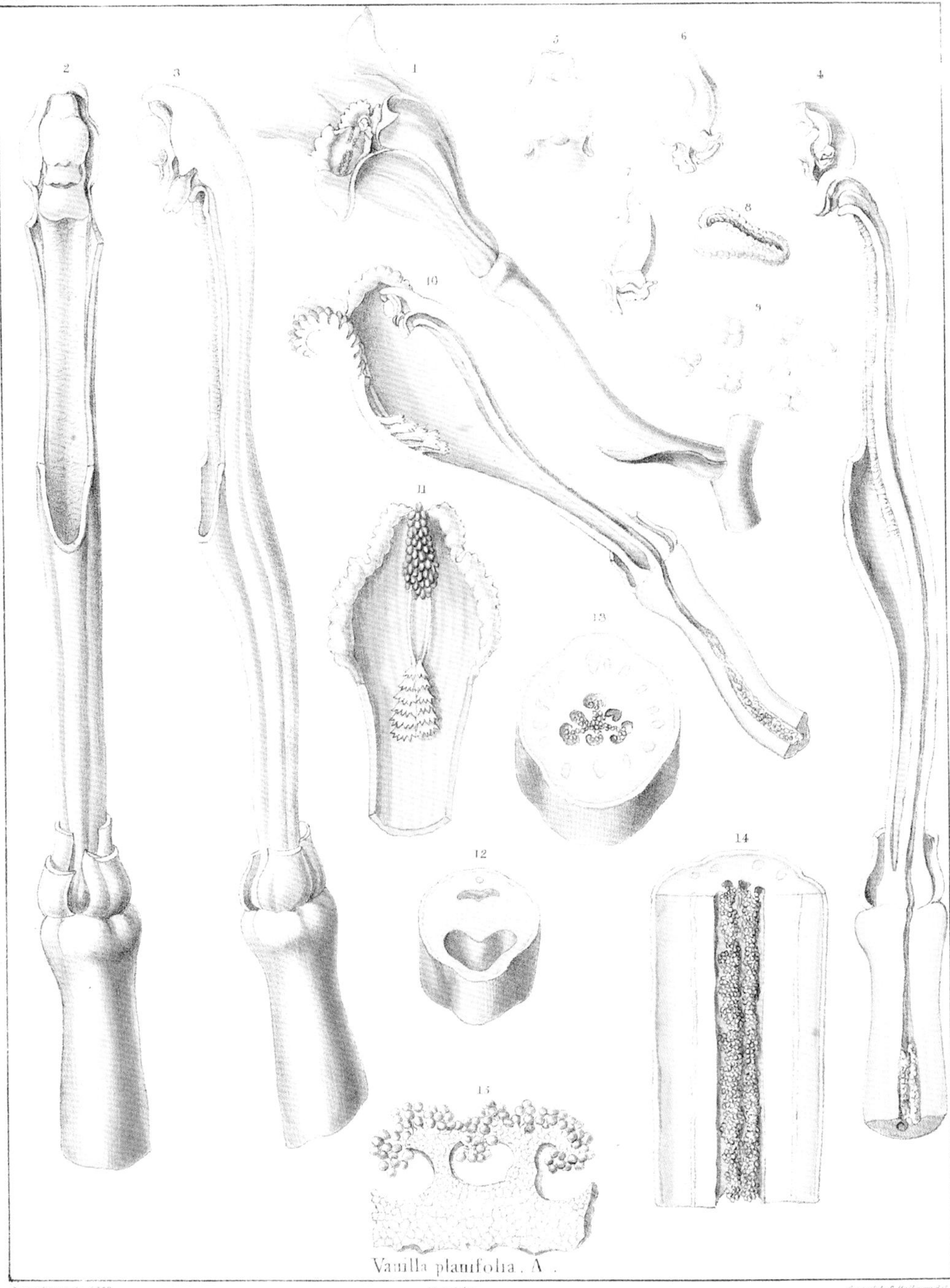

Vanilla planifolia, A.

Printed by C. Hullmandel.

相形之下，球茎甘蓝和抱子甘蓝是近年来较为受宠的品种。球茎甘蓝的选育是于 15 世纪末在北欧完成的。意大利植物学家皮尔·安德里亚·马蒂奥鲁（1501—1577）于 1554 年首次对球茎甘蓝进行了描述。到 16 世纪末，人们已知它分布于伊比利亚半岛以西、利比亚以南，横跨地中海东部。不过球茎甘蓝到 19 世纪末才在英国被广泛种植起来。尽管现今抱子甘蓝十分常见，可直到 1587 年才有对它的描述。17 世纪，英国植物学家将其称作“有所闻却见所未见的东西”。

苹果和梨

食用植物上留有人们不同喜爱的特征，人们为同种粮食作物设定了多种不同的命名。20 世纪前，英国拥有数千种苹果、数百种梨。种植适当的食用植物能为种植者带来丰厚的经济或社会价值。一如战争能促进科技发展，一代又一代园丁、农民和植物培育者的竞争致使食用植物发生了巨大变化。到 19 世纪初，果树栽培已经大有发展，于是那些创造了无数新品种的园丁想要用北欧最新的高质量彩色版画记录下这些成果。19 世纪时，还不能出版带有大量植物插图的书籍，但这些插图的传播范围远远超过了实践或科研，它们因为果树学的发展备受追捧。果树学（pomology），即对果树栽培的研究，源于 Pomona——罗马神话中的果树女神，在 17 世纪被约翰·伊夫林这个与出版业无甚关系的人率先用来指代果树栽培。1844 年，

罗伯特·莫里森将《牛津大学植物史》（1680—1699）设计为一本系统的植物名录，根据莫里森的分类系统整理而成。这本书以精美的版画插图而著称，它们出自当时最为知名的雕刻家之手，在贵族的资助下问世。画中大多数品种也收藏在莫里森的私人标本馆中。左页图中可见17世纪植物园中甘蓝的多样性。人们发现，最初的一些铜版画被用作牛津大学博德利图书馆电梯的平衡物，现在它们则作为图书馆藏品的一部分被保存下来。

园艺学家约翰·克劳迪斯·卢登（1783—1843）指出，许多关于水果的书因为太过奢侈，只能面向少数人出版。狂热的果树学家罗伯特·霍格（1818—1897）曾尖刻地指出："关于果树的书都是这样，它们成本巨大，往往被当作是艺术品而不是一般实用的东西。"尽管如此，他还是与人合著了《赫里福德果树学》（1876），也可谓这个学科的经典。

醋栗

查尔斯·达尔文在《驯养环境下的动植物变化》（1868）中将人工培植的植物与野生植物相比，详细描述了其变异和变化的情况。而阿方斯·德坎多勒（1806—1893）则在《栽培植物起源》（1884）中对栽培植物的起源进行了编目。达尔文对这样一个引人注目的例子很感兴趣：18 世纪末 19 世纪初的英国北部，尤其是兰开夏郡的园丁们收获的醋栗果实体积不断增大。人工栽培的醋栗来自北欧土生土长的野生品种，自中世纪以来人们就开始栽培它了。然而 19 世纪时，其丰富的变种类型才显示出来，当时有数百种已被命名的品种。人工栽培的醋栗品种在习性、叶形、刺、开花和结果期、果实形状和颜色等方面存在差异。一棵野生醋栗的果实重约 8 克。到 1786 年时，醋栗果实的重量翻了一番；此后 30 年，最大的醋栗果实已达约 40 克，到 1852 年已达 58 克。在仅仅不到 100 年的时间里，单独种植的醋栗果实收获量是野生醋栗的七倍。达尔文写道：

> 从 18 世纪后半期到 1852 年的这种渐进式、整体平稳的果实重量增长，是由于栽培方法的改进，现在人们已经采取了极致的养护方法：修整枝条

罗伯特·霍格的《赫里福德水果》（1876）十分出色，它将植物图文书的精美和昂贵程度都提升到了一个新高度，在这方面，这本书是一个典例，右页图为该书中的插画。这样的书并不是给那些从事实践工作的园丁用的，而是供那些极为富有的图书馆收藏用的。

和根部、制作堆肥、覆盖土壤，每丛灌木上只留部分果实。但这种果实重量增长无疑主要是幼苗选育的结果，这种技术也被证实越来越有能力产出这种高品质的果实。

现在，一株植物的外观是先天条件和后天培养综合的结果；想要将一株植物培育到极致，先天条件极佳的植物就必须得到精心培育。但即便园丁们所栽培的植物先天条件不够理想，他们也可出色地完成任务。

生活中的咖啡因

1808 年，里约热内卢植物园建立。这显然是为了进一步促进巴西的农业经济发展。1811 年颁布的一项法令中明确了这一点：

（委员会）管理一座植物园以栽培异域植物，推广肉豆蔻、樟脑、丁香、肉桂、胡椒和胭脂虫仙人掌，获取必要经验以摸索出种植、传播它们的最佳办法。植物园还要培育优质木材如盾籽木、肉桂、柚木等，以达尽可能完美的程度。最后，植物园应为管理、促进建立优质牧场和与所有高效农业相关的场所提供资源和指导。

1822 年，居住在里约热内卢的英国日记作家玛利亚·格雷厄姆发现：

这座植物园被国王指定栽培东方植物和果树，特别是要种植茶树，这是他从中国连同一些能够适应水土的植物一起带回来的。没有什么比这些植物更显繁茂了。肉桂、樟脑、肉豆蔻和丁香的长势和在本土时一样好。面包树完美地产出果实，这些东方水果和在印度生长时一样饱满。其中尤为突出的是来自印度的巨型余甘子和来自中国的龙眼。令我失望的是，园内没有本土植物。不过这座植物园已经做了很多，在国家政治形势不允许在这些事上耗费过多精力时，还是为后续发展提供了希望。

1836年，年轻的植物学家乔治·加德纳刚从英国抵达里约热内卢，他醉心于英国植物学思想中，却对植物园有着不同的见解。他观察到“除了几棵东印度的树和几丛灌木，以及一些欧洲的草本植物，几乎没有什么能让它与植物园这个名字相衬。我几乎没有看到众多美丽的本土植物”。加德纳对于植物园的观念深受邱园和格拉斯哥大学等成熟的欧洲机构影响，他怀揣着这样的想法来到美洲。几年后，他更欣赏巴西在培育异域植物方面所做的努力，他对巴西内陆一座殖民掘金城市欧鲁普雷图的植物园发表了评论：

> 它主要用于繁育有用的异域植物，对那些可能使用到它们的人免费开放。我发现这里主要栽培的是茶树、肉桂、蓝花楹、面包树、杧果，还有几英亩土地专种茶树，每年能够产出相当多的茶叶，这些茶叶的价格与那些从中国进口的茶叶价格相等。

尽管茶叶有着重要的文化价值，且对英国人来说尤其如此，但它因其所含的咖啡因而很难被定义为生活必需品。直到大约1502年巧克力问世，欧洲人才开始对咖啡因欲罢不能。1650年，英国首座咖啡馆在牛津建成，随后咖啡馆在英国城市中如雨后春笋般涌现，这与17世纪和18世纪的社会政治以及知识革命有关。咖啡因这种咖啡中的活性化学物质使英国人上瘾。随后，巧克力和茶也备受追捧。

人类栽培所有主要的产咖啡因植物。茶叶、咖啡和巧克力很快便为人熟知。最鲜为人知的咖啡因来源是南美洲南部的马黛茶（它源于一种冬青叶）、可乐坚果（来自西非树木的种子）和瓜拉纳（来自巴西藤本植物的种子）。除茶叶外，这些植物都生长在热带或亚热带，分布在英国控制的地区以外。

咖啡

咖啡属植物约有 100 种，分布在非洲热带地区和马斯克林群岛。然而只有三种咖啡属植物具有商业价值：阿拉比卡咖啡树、罗布斯塔咖啡树和利比里亚咖啡树。阿拉比卡咖啡树自然分布于埃塞俄比亚西南部的山区。有关发现这种咖啡的传说是人们耳熟能详的：人们发现了一只吃完咖啡灌木的浆果后晕头转向的山羊。到 1000 年，阿拉伯人已经在红海沿岸开始种植咖啡了。1718 年，剑桥植物学教授、园艺爱好者理查德·布拉德利（约 1688—1732）热切关注荷兰及其殖民地种植咖啡的成功案例：

> 阿姆斯特丹的花园以奇花异草而闻名，我曾在那里见过大约 18 英尺[①]高的树，树上挂满了果实，仅仅两棵树就能收获几磅重的果实。荷兰人先是从阿拉伯地区获取了植物，随后在巴达维亚种植，在那里繁育了许多植株，并将其提供给阿姆斯特丹的植物园，现已在荷兰收获累累，于是他们将一些树种运往西印度群岛的苏里南的殖民地栽培。毫无疑问，这些树能够在那里被善加照料，茁壮成长。

布拉德利确信“如果北美洲殖民地能一直属于我们……那么在南卡罗来纳繁育咖啡绝对值得一试”。但咖啡从来不是早期北美洲殖民者眼中重要的作物，18 世纪末，北美洲 13 个殖民地宣布独立。布拉德利关于经济自给自足的思想在 18 世纪林奈和瑞典政府的策略中都有所反映，而当时具有经济价值植物的种植方法得到推广。不过，这个想法以失败告终。

---

① 1 英尺 =0.304 8 米。

巧克力

可可属植物被誉为“神之食物”，它包含约 20 种新热带树种。在美洲，只有可可被广泛种植。这由来已久，早于哥伦布第四次航行发现可可种子之时。1502 年 8 月，哥伦布在洪都拉斯的海湾岛截获了一只巨大的玛雅贸易用独木舟，在舟上众多的宝藏中，他取走了可可豆。他遇到的这株植物独一无二，在欧洲风靡了一个半世纪。西班牙征服者占领了墨西哥后，了解到了可可豆对阿兹特克人的重要性，它既是货币，也是饮品。而首位将可可和巧克力定义为饮品的欧洲人是来自意大利的吉罗拉莫・本佐尼（约生于 1519 年），他在著作《新世界历史》（1575）中表示：“与其说这是给人喝的饮料，倒不如说是给猪喝的……其味苦涩，能够满足身体需要、消除疲劳，但并不醉人。”这种得益于玛雅两千年园艺技术的植物，被“给予”了西班牙人。不过等到欧洲巧克力市场扩大和廉价劳动力（奴隶）来源拓展后，可可种植才变得更为广泛。

可可主要有三种：高质量、低产的克里奥洛可可树来自中美洲；亚马孙盆地则产出高产、适应力强、茁壮的佛拉斯特罗可可树；特立尼达可可树则是克里奥洛可可树和佛拉斯特罗可可树引入特立尼达岛后的交配种，综合了两个品种的特点。19 世纪 20 年代，葡萄牙人将佛拉斯特罗种子从巴西运往背靠非洲大陆西部的圣多美岛，随后又将其运往非洲大陆西部。除此之外，移植活动还包括英国人将可可树运往斯里兰卡、荷兰人将可可树运往爪哇岛。最终西非佛拉斯特罗可可树占据了可可生产的主导地位，由此可见，适应性比口味更加重要。

茶

茶树对于园丁来说，就像山茶花一样亲切。具有商业价值的茶叶，在几千年来只有中国医学典籍中有所介绍。19 世纪中期前，中国都是西欧消费的茶叶的唯一产地。人类使用茶叶时创造了一个复杂的分类法，这种分类法注重一些栽培时选出的固有特征。因此，不同茶树品种有时被认作是不同的物种。这种差异进一步演化，催生出红茶、绿茶两种不同类型的茶，使得林奈误以为它们是两个物种。由于从中

国供应茶叶有所困难，英国就有着在本土范围之外种植茶树的迫切经济需要。而茶树在中国国内的原生分布具有一定争议。19 世纪，英国人将茶树从中国引入印度，并且在阿萨姆邦发现了当地已有的茶树品种。他们先进行了引入实验，1690 年将茶树从中国引入爪哇岛，但并没有获得商业上的成功，这一情况直到 1824 年引入来自日本的茶种才有所改变。的确，在阿萨姆茶树被发现并于 1878 年通过加尔各答植物园引入栽培之前，印度的茶树种植显然没有取得预期的经济效益。

英国不是唯一对栽培茶树感兴趣的殖民国家。里约热内卢的植物园坐落于基督山脚下，由当时巴西的统治者唐·若奥六世（1767—1826）建成。葡萄牙殖民者认为巴西会是能够取代中国的茶叶产地。1814 年，茶树连同 300 名具备茶树栽培知识的中国农民一起抵达里约热内卢。里约热内卢植物园大获成功，1817 年时已有 6 000 株茶树可产出茶叶以供商用。热爱旅行的德国艺术家约翰·莫里茨·鲁根达斯（1802—1858）于 1824 年来到巴西，他与法国艺术家让·巴普蒂斯特·德布雷（1768—1848）一同塑造了 19 世纪初欧洲人的巴西印象。鲁根达斯最初是跟随格奥尔格·海因里希·冯·兰斯多夫（1774—1852）的探险队一同前往巴西的，但两人之间的一些严重分歧导致他们最后分道扬镳。苏格兰植物学家、爱好饮茶的乔治·加德纳发现这种茶叶“外观与中国产出的茶叶相差无几，但味道却差了一些，它更多的是一种草的味道”。显然，该植物园出产茶叶的品质不能够满足英国这个当时国际上最大的茶叶消费市场的需求，因此最终被废弃。

冒险家和探险家在新大陆发现的巨大财富并不是那种能够直接令人满足的华而不实之物，也不是由黄金或宝石制成的工艺品。这些财富是植物和知识，它们最终

马克·凯茨比是18世纪初伟大的植物采集者之一。在富有的绅士卡特尔的赞助下，凯茨比在美国南部和巴哈马群岛采集了植物。他不仅收集了植物标本和种子，还创作了这些植物的水彩画。凯茨比在其著作《北卡罗来纳、南卡罗来纳、佐治亚、佛罗里达和巴哈马群岛自然历史》（1754）中出版了这些水彩画。左页图为凯茨比创作的可可树的版画。

此图所示的版画出自鲁根达斯之手，收录在《巴西观光之旅》(1835)中，描绘了基督山和糖面包山的田园风光。画中，在里约热内卢植物园中国茶叶种植区，苗床上的奴隶们在一名中国农民的指挥下工作，还有一名中国农民正浇灌田地。画面后方还有更多奴隶在工作。一位白人绅士在面包树和阳伞的荫蔽下，通过翻译对一名中国管理人员进行工作上的指导。

喂养、治愈、构建和支配了人类社会。如今，人们认为一个国家的动植物资源和矿产、文化资源同等重要。任何一座植物园都是植物历史的缩影。有些植物是土生土长的，有些则是从异域引入的，还有一些是植物园内培育得来的。有些植物能够药用，有些植物可作食物，有些植物富有教育意义，有些植物则需要精心养护，有些植物只是纯粹好看。要让一株植物在植物园内茁壮成长，就必须将园艺技术和植物学相结合。每一种植物都需要被顺利地迁移到植物园内，且要能够顺利生长、存活和繁衍生息。

第五章
植物：权力的象征

过去的至少100年里，殖民政府一直不遗余力地向殖民地输送来自世界各地的植物，以建立新的文化。

——丹尼尔·莫里斯《西印度群岛经济资源报告》(1898)

经典的英式早餐——茶、吐司加果酱留有多次植物探险的印记。17世纪末，茶成为英国流行的饮料。当时所有的茶叶都是从中国南方进口的，欧洲人不了解这种植物，也不知道它如何生长，更不知道供饮用的茶叶是如何制成的。茶叶最终改变了英国社会，它是19世纪初工业革命的“推手”，维持了中英之间的贸易，并成了其殖民地印度的新作物。产出牛奶的牛很可能生活在那些通过引入草种和豆科植物进行改善的牧场上。糖既可用甜菜制成，也可用甘蔗制成。自古以来，人们就知道北欧的甜菜含糖，而弗兰兹·卡尔·阿哈尔德（1753—1821）于1784年首先在西里西亚白甜菜中选育含糖量高的品种，这也是今天人们常见的甜菜之由来。而甘蔗是从东南亚被引入热带地区的，喜吃甜食的英国人至少要对被称为“所有可憎的罪恶总和”的奴隶贸易负一部分责任。普通小麦起源于几千年前的亚洲西南部，经由罗马、希腊、波斯、西班牙、法国、英国和中国等国家传至全世界。橘子果酱的原料是橙子和糖，它是一种葡萄牙食品的英国改良版，最初以从高加索和库尔德斯坦传至南欧的榅桲为原料。橙子原产于中国，是柑橘属植物，这类植物是一些早期植物采集考察的目标。日本有一尊田道间守的纪念碑，公元 61 年，他受第十一代天皇垂仁天皇（前 29—70）之命前往中国找寻“永远闪光的柑橘”，并称它是所谓的长生不老之药。不久后，橙子就成了地中海一带的重要作物，并经由伊比利亚半岛上的国家传播到美洲各地。贝纳尔·迪亚斯（1492—约 1580）年轻时曾跟随埃尔南·科尔特斯（1485—1547）穿越墨西哥，并随后参加 1519 年征服墨西哥的行动。他在 76 岁高龄时描述了自己在这些行动中和在 1518 年跟随胡安·德格里哈尔瓦（约 1489—1527）从古巴到尤卡坦半岛探险时所发挥的作用。迪亚斯说：

> 我种下了这些我从古巴带来的（橙子的）种子，因为有人谣传说我们要回去定居了。这些果树长得很好，因为人们发现它们是自己见所未见的，于是人们保护它们，为它们浇水，让它们远离杂草。外省所有的橙子都源自这些果树。

此外，柑橘还帮助英国水手在漫长的海上航行中挨过营养缺失的困境。

《植物剧院》

约翰·帕金森的著作《植物剧院》的扉页生动地展现了具有商业价值的植物和农作物的多种多样的来源。其副标题为“一本全面完整的植物志”，这突出反映了帕金森的理念：这本《植物剧院》囊括了当时所有已知的四大洲的植物，扉页上其门类清晰可见，且很大程度上揭示了 17 世纪英国社会的思想和植物学知识的局限性。

例如，玉米与亚洲有所联系，这是根据1536年让·鲁埃尔的论断得出的，他认为玉米起源于土耳其。许多与欧洲有联系的常见植物都起源于亚洲，如橙子、苹果和郁金香。植物的素描是复制品，其来源多样，显然有些原创的艺术家并不了解他们所画的植物，如香蕉、菠萝和小米。

植物贸易与探险

所有英国植物园都留有植物贸易与探险、信息交换网络和园艺技巧的印记。深冬时节，奇特而芳香的中国绣球荚蒾和北美金缕梅既夺人眼球，又沁人心脾；春天，色彩缤纷的欧洲嚏根草、斑斓的地中海番红花和来自中东及中亚的郁金香争奇斗艳，而那些“背井离乡”的植物如苹果、樱和梨也一齐盛放花朵；夏天的植物园里有来自各大洲的缤纷色彩：欧洲的桃金娘、亚洲的醉鱼草、非洲的金盏花、北美洲的向日葵、南美洲的矮牵牛花和澳大利亚的麦卢卡。

欧洲帝国

15世纪英国对世界的了解较其他欧洲帝国（尤其是葡萄牙和西班牙）而言要更有限。15世纪末、16世纪初的许多探险队都是从伊比利亚半岛出发的。葡萄牙人巴尔托洛梅乌·缪·迪亚士（1450—1500）沿非洲西海岸航行抵达了好望角（1487—1488），瓦斯科·达·伽马（1469—1524）则绕过好望角抵达了印度西海岸（1497—1499）。西班牙国王资助的意大利人克里斯托弗·哥伦布（1452—1506）发现了美洲新大陆并探索了加勒比地区（1492—1493、1493—1496、1498—1500、1502—1504）；名字被用于命名美洲大陆的亚美利哥·韦斯普奇（1454—1512）曾探索南美洲的东北海岸（1499—1500）；斐迪南德·麦哲伦（1480—1521）和胡安·塞巴斯蒂安·埃尔卡诺（1476—1526）首先完成了环球航行（1519—1522）。教皇亚历山大六世通过《托尔德西里亚斯条约》为西班牙和葡萄牙瓜分了南美洲。16世纪初，尽管英国的宿敌法国和荷兰也开始在新大陆一展宏图，但西班牙和葡萄牙在新大陆的地位仍是不可动摇的。

16 世纪前，英国唯一一次重要的帝国探险是意大利人约翰·卡博特前往纽芬兰的探险（1497—1498）。然而，权力兴衰更迭，16 世纪末荷兰和英国也开始重视起国外自然资源的勘探和开发。英国人出发远征，马丁·弗罗比舍探寻前往印度的西北通道（1576—1578），休·威洛比和理查德·钱塞勒探寻前往印度的东北通道（1553）。弗朗西斯·德雷克（1577—1580）和托马斯·卡文迪许（1586—1588）曾环游世界，而约翰·霍金斯则建立了非洲和加勒比地区之间的奴隶贸易（1562—1568）。

到 17 世纪末，英国的帝国主义野心开始显露出来，并在 19 世纪达到巅峰，那时大英帝国的势力已经影响全球。不过，在 1690 年，英国的殖民势力要温和得多，英国的利益都集中在新大陆上。北美洲的哈得孙湾周围的土地被与其同名的公司掌控着，英国人在北美洲东海岸边建立了殖民地，范围从南边的卡罗来纳到北部的纽芬兰。英国在新大陆的其他利益集中在加勒比地区（巴哈马、百慕大群岛、牙买加、圣基茨和尼维斯、安提瓜、蒙特色拉特岛和巴巴多斯）和伯利兹城。在新大陆，英国直接面对着法国、荷兰和西班牙的威胁。

约翰·帕金森著作《植物剧院》（1640）的扉页（右页图）清楚地展示了大陆与神的关系。上帝位于欧洲人和亚洲人中间。画面中间是亚当和所罗门。画面底端，在非洲人和美洲人的旁边是老年帕金森的画像。欧洲人头戴王冠，手持宝剑和象征富饶的羊角，盛装打扮，乘坐两匹马拉的华丽马车，周围有14种植物，包括梨、橘子、柠檬、石榴、松树、石竹、桃子、郁金香、草莓、小麦、苹果和葡萄等。亚洲人打扮优雅，骑在一头犀牛上，手持长矛，周围有传说中的植物羊，也有10种真实存在的植物，包括香蕉、椰子、丁香、棉花、肉豆蔻、黑胡椒、百合、玉米、雏菊和鸢尾。而非洲人和美洲人则手无寸铁，赤身裸体，分别骑在斑马和羊驼上。美洲人拿着弓箭，周围有向日葵、西番莲、菠萝、木薯和仙人掌等。非洲人周围有6种植物，包括椰枣、龙血树、小米和金盏花等。

THEATRUM
BOTANICUM.
THE THEATER
OF PLANTES.
OR
An Universall and Compleate
HERBALL.
Composed by John Parkinson
Apothecarye of London, and the
Kings Herbarist.
LONDON.
Printed by Tho: Cotes.
1640.
ADAM.
SOLOMON.
W. Marshall sculpsit

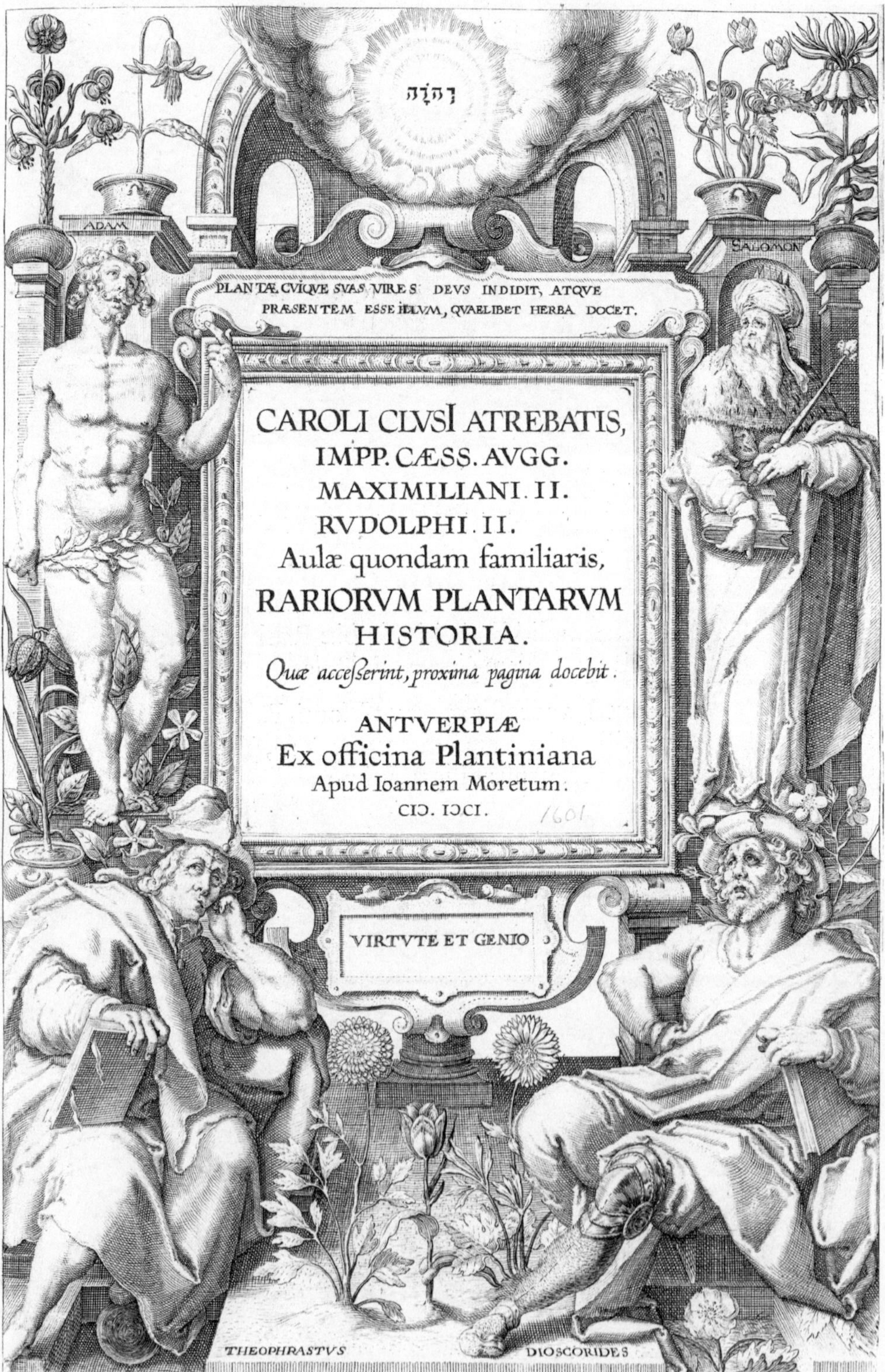
יְהֹוָה
ADAM
SALOMON
PLANTÆ CVIQVE SVAS VIRES DEVS INDIDIT, ATQVE
PRÆSENTEM ESSE ILLVM, QVAELIBET HERBA DOCET.
CAROLI CLVSI ATREBATIS,
IMPP. CÆSS. AVGG.
MAXIMILIANI II.
RVDOLPHI II.
Aulæ quondam familiaris,
RARIORVM PLANTARVM
HISTORIA.
Quæ accesserint, proxima pagina docebit.
ANTVERPIÆ
Ex officina Plantiniana
Apud Ioannem Moretum.
CIↃ. IↃCI.
1601
VIRTVTE ET GENIO
THEOPHRASTVS
DIOSCORIDES

英国在其他地方的殖民地更加分散，也一直面临欧洲其他殖民势力的挑战。非洲上几内亚的詹姆士堡和更南边的黄金海岸的要塞是残忍的奴隶贸易出发点，奴隶们被当成货物运往英国在新大陆的殖民地。英国在印度的殖民地包括苏拉特、孟买、代利杰里、马德拉斯和加尔各答，最远抵达明古连（苏门答腊）。这个日益壮大的帝国中最偏远的地带是大西洋中的一座火山岛，名为圣赫勒拿。19 世纪初，拿破仑挑战了大英帝国的利益，于是这座岛成为他最后的监狱。

一本颇具讽刺意味的意大利作品《关于大英帝国的寓言》（1878）将 19 世纪英国的影响力夸张地描述为“一条紧紧缠住全球的蛇”。欧洲帝国逐渐衰落，而今天的英属百慕大、蒙特色拉特群岛和圣赫勒拿是英国 17 世纪末海外殖民的残余。

植物运输

植物标本室中展示的自然世界引人遐想。这些标本的实用性取决于收藏者的处理技巧。精美的标本是一种嘉奖，奖励收藏者付出的艰苦卓绝的努力，而绝不是那些应被用作肥料的尴尬作品。植物学家威廉・亨利・哈维陈述了及时处理标本的必要性：

> 在为干燥后易碎的藻类制作标本时不应浪费一分一秒，如果它被搁置几小时，将会彻底分解，失去价值。

卡罗勒斯·克鲁修斯的作品《珍稀植物史》（1601）的扉页（左页图）将植物与现实和传说中的人物结合起来，对知识传播进行了有力而形象的阐释。图中显示，亚当和所罗门的植物学知识传给了泰奥弗拉斯托斯和迪奥斯科里德斯。植物或种在盆里，或被制成一个个标本。亚当上方有一株盆栽的欧洲百合和一株狗牙堇，所罗门上方则是一株盆栽的仙客来和一株花贝母。亚当脚下则是更小的植物：蔓长春花和贝母。泰奥弗拉斯托斯和迪奥斯科里德斯之间有一些郁金香和大丽花的标本。上帝则在俯视这一切。

一旦植物标本被封存，只要保持干燥、无害虫，就都容易运输和储存，除非发生天灾。

植物标本于植物学而言是令人兴奋的“尸体”，它们不太可能满足公众的需求，因为公众更希望种植具有商业、医疗、园艺或农业价值的植物。人们愿意被鲜活的植物包围，而非已经枯死的植物。欧洲花园中最流行的一些植物是16世纪末最重要的佛兰德斯植物学家卡罗勒斯·克鲁修斯（1526—1609）引入的。他在将郁金香从奥斯曼帝国经由神圣罗马帝国运往荷兰时起到了重要作用，这些郁金香于1571年抵达荷兰。

在克鲁修斯漫长的植物学工作生涯中，他常常在田间、标本馆和植物园里研究植物。他曾在欧洲许多地方工作过，曾在维也纳为神圣罗马帝国皇帝马克西米利安二世（1527—1576）工作，最终在荷兰的莱顿植物园结束了自己的职业生涯。克鲁修斯最知名的作品是《珍稀植物历史》（1601），书中描绘了他收集的来自西班牙和匈牙利的植物，还有来自其他地方的珍稀植物。其中最重要的便是来自中美洲的火燕兰。克鲁修斯表示：“我只有一株植物，是博学的西班牙医生西蒙·D. 托瓦尔博士送来的，它在1594年6月开了花。”这本书出版时，克鲁修斯已经75岁了。他若有所思地表示自己热衷于研究来自不同地域的植物并将它们带回来培植的快乐。书名富有寓意，展现出那些将盛行一时的园林植物。

1763年，服装商、园艺学家彼得·柯林森对他在米尔希尔的植物园引以为傲：

> 当我站在植物园内，看着品种繁多、不可思议的花朵、灌木和树木，再想到40年前的景状，我既好奇又惊讶：我每年从整个北美洲采集了多少植物啊；过去几年里各种各样的种子从中国运来，许多优良植物茁壮成长……还有许多来自西伯利亚的新奇灌木和花朵。很少有植物园能够超越我在米尔希尔的植物园，因为那里有我喜爱的异域花草。

1694年3月，小雅各布·博瓦尔特参观了毕福德公爵夫人位于伯明顿的著名花园。“她每天都显得像是植物王国的超级富豪”，因此小雅各布·博瓦尔特热切希望她能够购买一些植物：

> 我给公爵夫人寄了一包我认为有望生长发芽的植物种子，也寄去了一张写着优良植物名称的便条，我记得自己未曾在夫人的植物园中见过它们。

安全运输鲜活的植物对小雅各布·博瓦尔特而言是一项重要事务，但他巧妙地将责任推给了公爵夫人：

> 这里提到的植物无论是否用盆栽种，都可以得到安全的处理、移植和搬运，大约需要两周。在我看来，如果夫人您想要其中任何一株，最佳的方式便是您亲自选派一个人和一匹马来负责运输，而不是将它们交到一个粗心大意的公共承运人之手。

300 年后，或许运输路线更快捷了，或许承运人已趋于相似，但是安全运输活体植物仍成问题，人们需要考虑使用多少包装和保护措施才能够将一株刚刚购买的植物安全运送到目的地。

广玉兰于1734年被马克·凯茨比引入英国，关于这种植物的插图（第106、107页图）收录在凯茨比的著作《北卡罗来纳、南卡罗来纳、佐治亚、佛罗里达和巴哈马群岛自然历史》（1754）中。18世纪早期，广玉兰在英国轰动一时。园丁们仔细把控其生长环境，成功繁育了这种生长缓慢的植物。

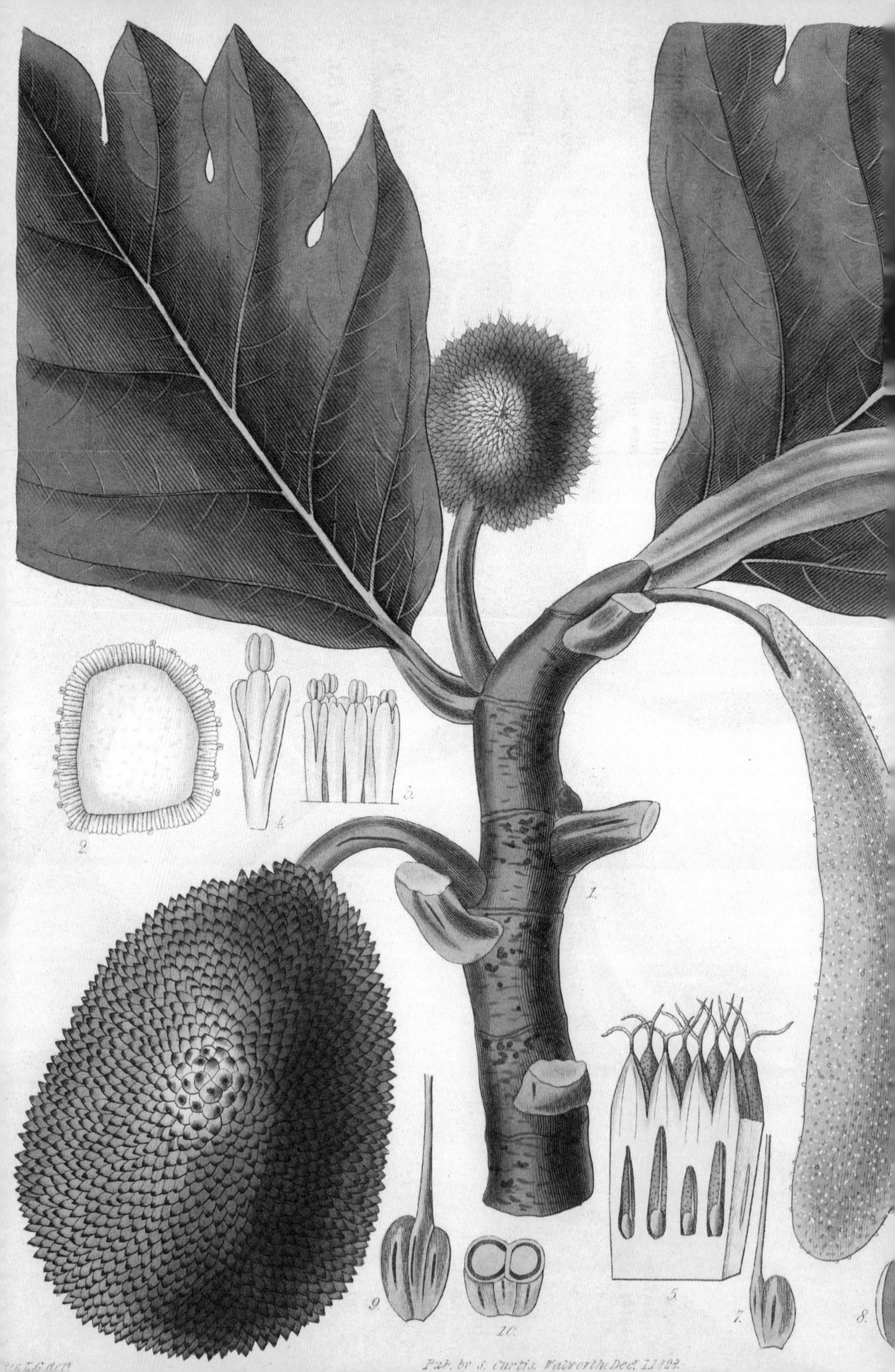
1.
2.
3.
4.
5.
7.
8.
9.
10.
Pub. by S. Curtis, Walworth Dec. 1.1828.

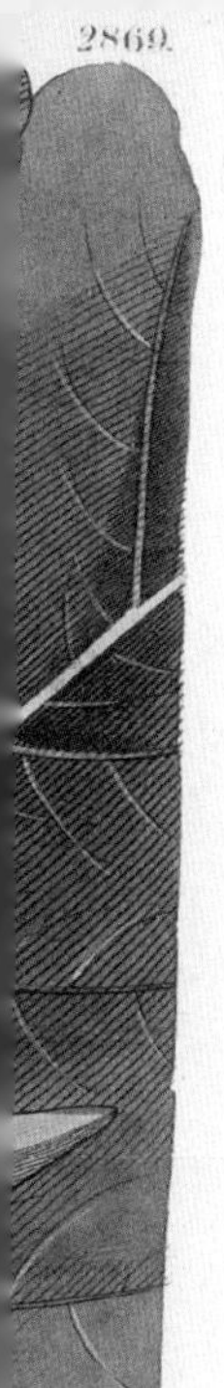

运输种子

运输活体开花植物最简便的方法是运输种子。种子蕴藏着巨大潜力，让植物能够自然地承受远距离运输，并且可以存活数十年甚至数百年。大多数种子能够自然抵御干燥环境，很难被破坏。它们在萌芽之前将一直保持休眠状态，其大小也便于运输。关于在古老的墓穴中发现的种子发芽的故事许许多多，但通常十分可疑。事实证明这些故事大多只是骗局或者谣传，其中一些故事则接受过彻底的检验。2006年，公众对英国国家档案馆内三颗种子萌发的幼苗产生过短暂的兴趣。这些种子是一位荷兰商人简·蒂林克在1803年前往好望角的旅途中

左页图为沃尔特·菲奇创作的关于面包果的版画，该画作发表在《柯蒂斯植物学杂志》(1828)上。这种用途多样的水果原产自南太平洋。18世纪，面包果从太平洋传至加勒比海一带。人们将这一活动与邦蒂号哗变和威廉·布莱船长的命运联系起来，赋予它高度的传奇色彩。现在，面包果已经成为热带常见的水果了。

收集的，对于种子而言，这种储藏条件实在不太理想。更戏剧化的是，一组研究人员使中国湖床上的莲花种子发了芽。根据碳素测定，这些种子已有1288年的历史了。利用种子可以长期储存的能力建设种子库已成为全球植物保护战略的重要部分，其中著名的种子库包括位于韦克赫斯特庄园的千禧种子银行和长达120米、位于北极圈内山体中、斯瓦尔巴冰下宏大的全球种子库。这样广博的收藏起源于苏联遗传学家尼古拉·瓦维洛夫（1887—1943）创造的具有重要经济价值的种子收藏，它可以被视为植物保护的坟墓、方舟或庙宇，因人而异。几千年以来，农民们早已了解到许多种子处于休眠状态，因此它们能被储存起来并在需要时发芽的事实。

马克·凯茨比根据自己18世纪初在北美洲11年的采集植物经验，提出了从殖民地采集和运输植物实践的权威经验。对于移植美丽的广玉兰，凯茨比写道：

> 是否能成功获取状况良好的种子，很大程度上取决于能否在长期运输将其保存在需要的特定温度和湿度条件下。如果把种子放在太干燥的地方，其中的水分就会流失，也因此不能长成植被；如果种子被保存在过于温暖潮湿的地方，种子就会在盒子里发芽，然后枯萎；而湿度太高、温度太低会使种子腐烂。

接着，他具体指导了应当何时从树上收获种子：“种子变硬，这便是它们成熟的第一步。”关于如何包装种子寄回英国，他的指导也十分精准：

> 准备一个约1蒲式耳[①]大的方盒，或者更小的也行。在盒子底部松松地铺上一层约两英寸厚的土，在上面铺上一层种子，然后再铺一层土，就这样将种子和土一层一层地交替铺好，直到铺满整个盒子；然后钉上盖子，将盒子放在甲板之间。

① 英制容量及重量单位，1蒲式耳≈36.3升。

凯茨比甚至根据自己的经验，提出了在英国的气候条件下成功培育这些广玉兰的建议。

种子并不是解决所有植物运输问题的“万灵药”，有些种子根本无法休眠。龙脑香是东南亚重要的木材树种，它的种子只能存活几天。如果要培育纯种果树，那么就需要用花盆或将它们作为嫁接材料运输。同样，大多数园林植物颜色和形态各异的变种不能像种子一样简单运输。19 世纪的园丁们在试图让热带的兰花种子发芽时总是失败，他们因此而沮丧不已。他们不知道那些小小的兰花种子只是被种皮包裹的胚胎，需要特定的真菌环境才能成功生长。即便种子可以休眠，人们也需要通过一些复杂的条件来将其唤醒。草原上的植物种子可能需要火或者烟才能够打破休眠状态，而有些种子则需要借由动物才能够萌发。总之，要让种子成功萌发需要时间、耐心和运气。

小雅各布・博瓦尔特所谓“有希望生长发芽的”种子有些来自东印度群岛，有些来自西印度群岛；或许有些来自牛津大学植物园；或许是生长在那些并不需要它们的地方，而英国因为这些种子而富足起来。一小把种子可以揣在口袋里，但正在生长的植物在海上恶劣的环境中需要被精心照料。

运输植物

约瑟夫・班克斯对于在船上装满植物以供研究有着独到而直率的见解，这样的观点使他直接拒绝了加入库克的第二次环球探险。班克斯是 1787 年前往南太平洋收集面包树并将它们运往西印度群岛探险的策划者之一。他坚持认为：

> 政府斥巨资租用这艘船（邦蒂号）的唯一目的就是为西印度群岛提供东方的面包树和其他有价值的产品，这艘船的船长和船员绝不能因放弃了船上用于住宿的最好的船舱而感到委屈。

威廉・布莱（1754—1817）发现，这意味着他此前设计的用于住宿的船舱应接受改造，以便使其容纳 629 株面包树盆栽。这次探险是一次著名的失败。不过，布莱在 1791 年带着早先探险的经验，从英国出发前往南太平洋履行了使命，这次他成功了。1793 年，他为圣文森特植物园带去了 544 株植物，为牙买加植物园带去 620 株植物，为圣赫勒拿总督带去 12 株植物。正如班克斯暗示的那样，远距离运输活体植物所耗资金成本高昂，使人丧命的风险巨大，只有政府或者特别富有的人才能够负担。威廉·杰克逊·胡克 1828 年在描述格拉斯哥的一棵面包树时不无讽刺地说："（人们）十分艰难地（将其）引进、培植在我们的海岸上，所以我们不敢奢望看到它在欧洲蓬勃生长。"

釉面培育箱

1823 年，伦敦东区的业余博物学家、全科医生纳塔尼尔·伯格肖·沃德（1791—1868）在运输植物方面取得了重要突破：他发明了一个封闭的釉面盒子——沃德箱，能够使植物不受恶劣条件的影响。在此之前，从中国运往英国的植物 99% 都在运输途中死亡了，而此后的这种损失率降低到了 14%。据说威廉·杰克逊·胡克曾在 15 年内向邱园引进的异域植物数量是 18 世纪的 6 倍。很快，这一简单的技术被推广到世界各地，由于高速运输工具（如运茶帆船和蒸汽轮船）的发展，一直到第二次世界大战之前，这都是在世界各地运输活体植物的标准方式。沃德箱帮助英国人将茶叶从中国运到印度，将橡胶从巴西运往斯里兰卡，将金鸡纳树从南美洲运往印度。沃德认为他的箱子具有这样的使命，即"满足摩肩接踵的大城市中人们的物质和精神需求"，而它们也成了维多利亚和爱德华七世时代时植物园的一部分。有了沃德箱，穷人和富人都能够一睹热带植物的风采。

以植物谋权

在 1500 年以前，人们就已经有意识地移植植物了。随着广袤的世界逐渐展现在欧洲帝国面前，帝国政府认为提供异域奢侈品以满足宗教人员和世俗民众的喜好十分重要。类似的想法促使了古代的植物迁移活动的产生。公元前 1495 年，埃及女法老哈特谢普苏特（约前 1508—前 1458）派遣一支贸易探险队前往蓬特（可能沿着非洲之角航行）。这支探险队的事迹赫赫有名，被铭刻在帝王谷东南方向哈特谢普苏特女王神庙的雕带上。这是最早有记录可查的由政府资助的植物采集探险队，且只用“一小把贸易珠”便收获了巨额财富。从植物学的角度而言，这次探险的焦点是乳香木，即乳香的来源，它生长在阿蒙神庙内。重要的是，如果这些树能够存活，那么就可从中提取出珍贵的树脂，确保了供应源并且避免了此后再进行耗费巨大的采集植物探险活动。哈特谢普苏特为此后所有有价值的植物资源开发提供了方案：确保有供应源掌控在手。

古代将植物与权力联系起来的不只是哈特谢普苏特一人。她的继子、同为法老的图特摩斯三世于大约公元前 1450 年命人在宏伟的卡纳克神庙内雕刻了一幅植物浮雕，以说明他征服叙利亚的胜利之战。亚述国王萨尔贡（卒于前 705 年）专门为种植异域植物建立了公园。在罗马人征服英国后，无花果树和苹果树等树木被引入英国，以增添“多元性、魅力、色彩和实用功效”。罗马人移植苹果不过是一个复杂故事中的新插曲，而这个故事涉及亚述、中国、中亚和希腊的多样文化。

十字军东征后，榅桲和肥皂草等中东地区的植物被引入欧洲修道院的花园。与此同时，胡椒、肉桂和肉豆蔻等兼具经济和药用价值的植物的引入也带来了很大的经济效益。最终，随着 17、18 世纪植物园的建立和扩张，引进植物的制度结构也被改变了。

资源开发是一项重要的帝国主义活动。殖民地会产出帝国所需的原材料。人们很容易认为这是通过反复试验完成的。然而，帝国内的植物迁移系统对于殖民地资源开发而言实在至关重要。该系统的核心是：寻找新的作物，在帝国内交换信息、植物和种子，对新引入的植物在不同环境条件下进行测试。引入作物并不是一时兴起，它基于植物学家间的交流与合作。18 世纪，西班牙君主意识到引入植物的重要性，于是他派伊波利托·鲁伊斯（1754—1816）和荷西·帕冯（1754—1840）探索秘鲁。事实上，西班牙的确是首批从新大陆源源不断的异域植物供应中获得经济效

爱德华·纳维尔的画作《狄尔·埃尔·巴哈里神庙》(1898—1908)描绘了神庙中的雕带。这些雕带讲述了哈特谢普苏特下令于公元前1495年远征蓬特的故事。四名搬运工担着精心配置的盆栽，将其运送到船上。对这些树木悉心照料是因为这些树木十分珍贵，就像在阿蒙神庙里栽种这些树木一样，在其他雕带上也描绘了这一活动。

益的欧洲国家之一。其他的欧洲殖民主义国家也认可食用和药用植物资源的战略重要性，并在整个热带地区构建起植物园网络。

西印度群岛

1762—1766 年，《艺术学会会刊》奖励那些“在西印度群岛开垦土地，培育有效的药用植物和具有商业价值的植物，并为国王陛下筑成可以种植来自亚洲和其他遥远之地的珍稀物种的苗圃”的人。此后不到 20 年，英国皇家植物园——邱园（1759）便建立了，在英属西印度群岛也建立起第一批植物园——圣文森特植物园（1765）和牙买加植物园（1774）。植物意味着商业，商业意味着利润，而利润意味着权力。

圣文森特植物园一开始发展得很好。1787 年，该植物园引入了法属西印度群岛的香料，又将丁香运输到圣多明哥，将肉桂运往牙买加。它甚至还在布莱船长探寻面包树那流传甚广的故事中起到了一些作用。1792 年，圣文森特植物园从一艘法国军舰获取了丰富的战利品（主要是杧果和肉桂）。不过植物园个体的命运要服从于帝国更大的利益。

1823 年，伦敦当局已对圣文森特植物园的管理模式和不断攀升的花销恼怒不已，于是园内植物被全部转移到特立尼达。特立尼达植物园建于 1818 年，位于特立尼达首都西班牙港附近一座废弃的糖业庄园，它是英属西印度群岛植物“王冠”上一颗新的明珠。特立尼达植物园几乎在一夜之间发家致富，得到了圣文森特植物园近 60 年积累的植物资源，并物尽其用。

活体植物和标本在特立尼达植物园被一起收藏，构成了一种强力而有益的搭配模式。植物从热带各地被运来进行田间试验，而采集当地的植物进行研究也十分重要。到 19 世纪末，特立尼达植物园在特立尼达岛和其他英属西印度群岛的农业经济中都发挥了核心作用。由于当时欧洲甜菜制糖的发展，西印度群岛的蔗糖产业遭受打击。特立尼达植物园在识别和传播高产的甘蔗植株方面发挥了作用，更为重要的是，这些被选育的植株还具有抗病性。

尽管 1897 年诺曼委员会对特立尼达植物园在观赏植物供应方面发挥的作用不屑一顾，却也强调了其对于大英帝国、该地区和该岛的重要性：

> 特立尼达植物的管理部门……应当致力于引入和试验栽培有经济价值的植物，努力确保获取这些植物的改良品种，尤其是甘蔗。它应当包含一个热带农业教学部门，建立一个教学中心并选派老师讲授培育热带植物和选择适当培育地点的实践课程……同时，该部门还应鼓励引入和种植品种更为优良的水果，并指导如何以最佳方式种植这些水果，并将其包装出口。

特立尼达并非唯一这么做的地区。18 世纪和 19 世纪，植物园在将桐油、吐根、咖啡、橡胶和茶叶从原产地运往欧洲人控制下的地区时功不可没。在英国，园艺的重要性与日俱增。1804 年成立的英国皇家园艺学会为引入植物开辟了新的市场。然而 20 世纪初，植物园的经济效益减弱，它们再也无法享受到此前的辉煌了。不过，植物园后来成为重要的植物保护、娱乐和教育中心，履行了丹福斯 1621 年为牛津大学植物园提出的使命——赞美上帝，促进学习。

橡胶

印度榕是一种能够出产橡胶的常见室内植物。尽管它们通常被种植在起居室或办公室中，但它们其实是原产地为印度和东南亚森林中高达 40 米的庞然大物的缩小版。许多不同的、毫不相关的植物都可产出天然橡胶。然而，直到 19 世纪下半叶，橡胶才不仅仅是新奇的植物衍生产品。橡胶是工业时代的重要商品，在防水服装、机器垫圈、皮带等领域尤为如此，更重要的是它在自行车和当时刚刚兴起的汽车的充气轮胎上的应用。它显然是 19 世纪植物学和林业学赋予 20 世纪工业的一份礼物。然而，在亚马孙流域和比属刚果的商业战场中，橡胶使数百万人失去了生命。一辆福特 T 型汽车的 1 套轮胎就会使 4 名刚果人丧命，或者 13 套轮胎就会使 1 名亚马孙人丧命。

1869 年，英国皇家药师协会博物馆馆长詹姆斯·柯林斯撰写了一篇关于橡胶的文章，改变了英国对这种原材料的印象。他认为橡胶的最佳来源是难以获取的巴西帕拉橡胶树。英国当时使用的橡胶可能质量较差或性能参差不齐，包括来自刚果的俄瓦胶和来自亚洲的马来乳胶、节路顿胶。詹姆斯·柯林斯曾明确表示，他认为可以在大英帝国位于东南亚的植物园里种植帕拉橡胶树。因策划将金鸡纳树运往印度而被授予爵位的克莱蒙·马卡姆则注意到了詹姆斯·柯林斯的报告，他也直接参与到将帕拉橡胶树从巴西引进东南亚的活动中。人们此前已经确认了树种，也提出了行动方案。大英帝国面临的问题是：没有帕拉橡胶树的种子，也不太清楚它们分布在哪里、长成什么样子、种子应如何收获和播撒，还有在成熟后应如何收获并加工成橡胶。

此前人们曾试图将巴西的帕拉橡胶树引入英国，但都失败了，就连伟大的亚马孙探险家理查德·斯普鲁斯也没能获得可用的种子。为了填补这一缺口，《从特立尼达到巴西帕拉，取道于奥里诺科河、阿塔巴高河和里奥内格罗河的简略行记》（1872）问世了，其作者是大胆的探险家亨利·维克汉姆（1846—1928），他希望成为一座植物园的主人。这本书中收录了亨利·维克汉姆关于帕拉橡胶的手稿以及他对获取橡胶的方法的描述。亨利·维克汉姆曾多次向邱园园长约瑟夫·道尔顿·胡克（1817—1911）去信，约瑟夫·道尔顿·胡克看过素描后，随即决定通过克莱蒙·马卡姆收购维克汉姆手中的帕拉橡胶树种子。这些种子在邱园中生根发芽，其幼苗又被运往东南亚的英属殖民地。克莱蒙·马卡姆还派罗伯特·克洛斯前往亚马孙流域收集种子；如果罗伯特·克洛斯在途中遇到了亨利·维克汉姆，那么罗伯特·克洛斯将接管整个行动。事实上，罗伯特·克洛斯和亨利·维克汉姆都要经过利物浦，但两人根本未碰面。

亨利·维克汉姆是个复杂的人，他是不安分的机会主义者，占了天时地利。他从未得到约瑟夫·道尔顿·胡克彻底的信任，因为后者认为他既傲慢又业余，这是约瑟夫·道尔顿·胡克这样一个贵族非常不喜欢的特点。1876 年 6 月 14 日，亨利·维克汉姆一早就来到了约瑟夫·道尔顿·胡克在邱园的住处，他带着 70 000 颗帕拉橡胶树种子从巴西塔帕霍斯河赶回英国。次日，这 70 000 颗种子都被种植在邱

1872年，亨利·维克汉姆在作品《取道奥里诺科河、阿塔巴高河和里奥内格罗河，从特立尼达到巴西帕拉的简略行记》中收录了他创作的帕拉橡胶树素描稿，并辅以说明，描述应如何在橡胶树上切口。维克汉姆因此立刻成为帕拉橡胶树方面的权威。这种树在当时可能会成为19世纪末和20世纪欧美最重要的非木材工业用树种。

园内一个特别的温室中；7 月 7 日，2 700 颗种子已发芽，被移植到花盆中。1876 年 8 月，1 919 株幼苗被装在 38 个沃德箱中，在邱园园丁威廉·查普曼的照料下运往斯里兰卡，其中 1 700 株于 9 月 16 日成功抵达位于科伦坡的海内拉特戈达植物园。到 1880 年，这批幼苗仅有 30 株存活下来了。还有 50 株幼苗被送往新加坡，但在港口就已枯萎。1876 年 9 月，又有 100 株幼苗被从邱园运送到斯里兰卡。

1876 年 11 月 21 日，罗伯特·克洛斯带着 1 080 株不太健康的幼苗从亚马孙河边返回邱园，其中不到 30 株存活了下来。后来，这些幼苗繁衍生息，它们的后代中有 100 棵植株被运到了斯里兰卡。

1877 年 6 月，22 株幼苗从斯里兰卡被运往新加坡。新加坡植物园园长亨利·里德利（1855—1956）称，马来西亚 75% 的橡胶树都源于这些幼苗。围绕橡胶的争论之一是，这些树木是来自亨利·维克汉姆还是来自罗伯特·克洛斯供给斯里兰卡的幼苗，目前尚无定论。不过亨利·维克汉姆坚称，东南亚早期进行的橡胶树栽培是不合适的：

> 一个非常普遍的错误是，人们认为潮湿松软的土地适合栽培橡胶树。这似乎是“探险家们”花费几星期乘船逆流而上时观察岸边的几棵树而得出的结论。而真正的帕拉橡胶树林坐落于高地之上。

一个多世纪以来，亨利·维克汉姆从巴西获取种子的方法、采集种子的确切位置、该行为是否合法，还有邱园在传播种子时所发挥的作用都备受争议。亨利·维克汉姆在这个橡胶故事中的行为通常被认作生物剽窃的实例，由此可见生物剽窃的狡猾之处。细节决定名誉是丧失还是得到维护；赞助和影响力则决定能否获取荣誉。亨利·维克汉姆作为新贵和外行起初遭受植物学界的排挤，最终却赢得公众的支持和认可，得到爵士封号和舒适的退休生活。相比之下，在东南亚种植帕拉橡胶树的先驱詹姆斯·柯林斯和辛勤劳动的罗伯特·克洛斯却被冷落和嘲笑。大英帝国以几乎相同的方式对待为其尽忠的人、殖民地和被其掠夺珍贵种子的国度。而当种植橡胶树的条件配备齐全时，东南亚的橡胶种植园便对巴西的橡胶经济造成了破坏。

意外迁移

植物迁移可能是人们有意为之，也可能是无心之举。在通常情况下，植物的意外迁移是人类进行其他活动时意料之外的结果，有时候是通过动物，如19世纪窄叶黄菀被夹在羊毛中从南非传入欧洲；有时候是通过交通工具，如17世纪初，车前草经由轮船从欧洲传入北美洲。大麻作为“营地追随者”，已经从其原产地温带亚洲广泛传播开来。与大多数开花植物不同，大麻分雌雄植株。此种植物主要有三种有用的产品：纤维、麻醉性的树脂和含油的种子。大麻纤维能够制成可悬挂、可拖拉的绳索，大麻制的布料是船帆的不二选择，因为它能够承受长期曝晒和海水的浸泡。大麻花朵中提取的成分是四氢大麻酚。不同文化中人们选育大麻是怀有不同的目的的，例如那些对麻醉效果感兴趣的人通常居住在靠近赤道的地区，那里的大麻适应白昼较长的环境，人们会更喜欢选育雌性大麻。而如果是为了生产布料，人们则倾向于选择适应白昼较短的北半球地区环境的雄性大麻。

这种“营地追随者”常被专业的植物学家所轻视，认为其上不了台面。然而，19世纪中叶，植物学家不再仅仅记录植物的外形特征，而是试图了解它们，“营地追随者”这时就显得十分有趣，因为它们能给人提供植物如何自然生长的线索。此外，随着交通运输变得更容易和更快捷，有更多的植物被意外迁移。在墨西哥通常被称为“勇敢的战士”的牛膝菊在大约1860年偶然间从邱园“溜走”，成为英国南部常见的植物。

据记载，19世纪末苏格兰、英格兰和法国的羊毛加工厂周围有被意外迁移的植物生长。战争也会导致植物迁移，比如普法战争期间（1870—1871），法国南部和阿尔及利亚的草本植物群和豆科植物群就在巴黎附近落地生根了。大多数引入物种只能存活几年，有些则成为当地植物群中的常见部分，没有对生态环境产生重大影响；还有一些则严重破坏了生态环境原有的平衡，成为臭名昭著的入侵物种。

var. oligopetala
var. miniata
JACQ.
var. citrina
HOFFM.
var. anomala
WALLR.
4620. flammea JACQ.
4619.
aestivalis L.
4621.
autumnalis
L.
4622. vernalis L.
Adonis

“逃出”植物园

英国本地有 1800 种野生被子植物。但在 20 世纪初，这一数字与数千种生长在英国众多植物园中耐寒的异域植物和数千种生长在玻璃罩下或室内的植物相比则相形见绌了。异域植物被圈养在植物园内，很少造成生态问题，有些来自异域的植物能够成功落地生根并广泛地繁衍生息，还有些则继续做着植物鉴赏家的玩物，更有一些不能引起任何人的兴趣。然而，还有一些超出了人们所有的预期，成了难对付的入侵物种。

17 世纪中叶，人们常见的紫花常春藤叶植物——蔓柳穿鱼，“一缕缕枝条多样地交织在一起，在古老的墙上织成一幅厚厚的、美丽的挂毯”。这种植物是花园里的珍宝。约翰·帕金森于 1640 年首次在哈特菲尔德记录到这种原产意大利的新奇植物。到 19 世纪，常春藤植物蔓柳穿鱼已经摆脱了植物园外墙的阻隔，传播到英国各地，在适合它生长的家园和栖息地生根发芽。牛津千里光这一植物也有相似的遭遇。它在 18 世纪初从西西里的埃特纳山经由一条曲折的路线（还途经毕福德公爵夫人的伯明顿植物园）被引入牛津大学植物园。一直到 19 世纪前，它都一直安然生长在牛津大学植物园内。神职人员的广泛分布成为该植物在英国传播初期的重要因素，在牛津接受培训的牧师希望将其作为纪念品带到他们的新教区去。例如，在 1830 年以前的一段时间，威廉·布里牧师特意将牛津千里光从牛津引入了沃克郡的阿莱斯利。常春藤叶蔓柳穿鱼和牛津千里光都对英国植物种群产生了相对良性的影响。

人类对某一物种的看法可能会随着时间推移发生转变。卢多维库斯·莱辛巴赫出版《德国和瑞士植物图册》（1838—1839）时，许多人认为福寿草（左页图）是会严重影响农业生产的杂草。如今，农业生产在过去50年发生了一定变化，这种植物已然变得罕见，因此人们认为它现在需要得到保护。

而对于其他广泛传播的园林植物而言，情况就大有不同。一旦一株异域植物“逃出”植物园，它就可能造成巨大影响，而这种影响往往难以掌控。今天在英国肆虐得最严重的三种杂草都是“逃出”植物园传播到英国各地的。然而人们对这些植物的态度不一，颇有几分戏剧化的意味。维多利亚时代的园丁醉心于杜鹃花艳丽的花朵。尽管它们每年对生态环境造成的严重破坏，但很难说服人们相信应该将杜鹃花消灭。同样引人注目的是高大挺拔的巨型猪草，其茎长 6 米，花序直径达 50 厘米。原产于亚洲西南部的巨型猪草受人青睐，被用在维多利亚式花园的构造中，为其格局增添变化。而 19 世纪末开始，它们便在园外河畔和废弃的土地上生了根，其另一特征便凸显出来了：它们会引起人们严重的光敏反应。维多利亚“杂草三巨头”还包括日本虎杖，19 世纪中叶的“虎杖热”使它们在英国广为流传。

杜鹃花的学名为 *Rhododendron*，字面意思是“玫瑰树”，是林奈取自古希腊语中夹竹桃的名字，这是因为彭土杜鹃和夹竹桃叶存在明显的相似之处。杜鹃花属约有 850 种植物，分布在北半球、东南亚和澳大利亚、新西兰地区。彭土杜鹃是约瑟夫 · 图内福尔在 1700—1702 年那场前往黎凡特的先驱性探险中发现的。图内福尔曾学习过林奈的分类体系。英国自 18 世纪末便开始栽培杜鹃花。人们认为彭土杜鹃

约瑟夫·道尔顿·胡克作品《喜马拉雅植物图册》(1855)中，杰出的插画作家沃尔特·菲奇根据一些大师的画作，将六种杜鹃花画在一幅画中，如右页图所示。约翰·弗格森·卡斯卡特曾雇用印度画家描绘大吉岭地区的植物。卡斯卡特去世后，约瑟夫·道尔顿·胡克从这些画作中选取了1 000多幅，收录在《喜马拉雅植物图册》中。画中的植物“既能激发人们的科研兴趣，又有着无与伦比的形状或颜色，抑或有其他过人之处，足以让人们想要在英国栽培它们”。扉页上的其他植物后来成了流行的园林植物，其中包括开黄花的尼泊尔绿绒蒿和喜马拉雅林地罂粟、开蓝花的单叶绿绒蒿和开粉花的滇藏木兰。

ILLUSTRATIONS
of
HIMALAYAN PLANTS
CHIEFLY SELECTED FROM DRAWINGS MADE FOR THE LATE
J. F. Cathcart Esq.re
of the Bengal Civil Service.
THE DESCRIPTIONS AND ANALYSES BY
J. D. HOOKER M. D, F. R. S.
THE PLATES EXECUTED BY
W. H. FITCH.
Cathcartia villosa.

是在 1763 年从伊比利亚半岛传入英国的，尽管后来引入的都是来自黑海地区的杜鹃。到了 19 世纪末，彭土杜鹃已成为维多利亚时期灌木丛中常见的植物，来自北美洲和喜马拉雅地区的杜鹃花与彭土杜鹃的杂交品种也很常见。

约 19 世纪中叶，人们发现了亚洲杜鹃花丰富的多样性，而时髦的灌木丛又需要花朵填满，于是英国园丁们纷纷痴迷于栽培杜鹃花。喜马拉雅地区和印度次大陆北部地区是全球杜鹃花多样性的中心，据记载，超过三分之二的已知杜鹃花品种都源于此地。此外，许多杜鹃花在高海拔地区的气候条件下生长，这意味着它们也适合栽培在英国花园内。

20 世纪末以前，植物学界和园丁们很少对采集任何触手可及的植物存有疑虑，所有人都可以收集并利用植物，无论是长在哪里的植物。自 18 世纪初以来，这种观点几乎没有任何转变，马克 · 凯茨比称：

> 这些（树木）数量众多，我们因此有机会发现它们的用途和优点；在一个不发达的国家，对植物进行改善的意愿并不常见的，从发达国家获取各种用于改善的用具的可能性也并不大。在科学家和工匠的共同努力下，我相信能够发掘大多数树木的用途，尽管我们现在对此一无所知。

一座普通的花园内满是历史上人们从全球抢掠而来的各种植物。事实证明有些品种是摇钱树，如喜马拉雅杜鹃和复杂的杂交品种罗素羽扇豆。当然，大多数植物并非如此。在 19 世纪，人们将大量热带兰花带回欧洲花园，虽然成果寥寥，但可能对欧洲本地兰花种群产生不利影响。

第六章
让植物适应环境

你站在他身侧，着实伟大；

他在尘世下达命令：命植物引导世界，命植物统领万物

——亚伯·埃文斯《维特姆诺斯》(1713)

人们将货物从英国运到澳大利亚，从葡萄牙运到非洲。从原产地被运送到其他地方的植物必须足够顽强，以挨过严酷的海上航行和封闭的储存环境。那些航行的“幸存者”将面临完全陌生的生存环境，季节颠倒，昼夜长度和气候变得陌生，环境可能比原产地更为极端。此外，它们还要面对可怕的新疾病、新生态，完全不同于此前的生存状态。它们需要改变，要么适应新环境，要么等待死亡。幸运的是植物往往受到人们的宠爱，可以得到帮助来适应新的环境。

英国西海岸光照不足，夏季凉爽，降雨量多，植物生长期短。然而人们总是痴

迷于在全球播种奇花异草。英国的园丁们接受了挑战。18 世纪中叶，马克·凯茨比意味深长地阐述了在英国种植北美洲植物的问题：

这整片大陆产出的植物很少，但它们能够抵御英国冬天的严寒。因为尽管英国在美洲大陆的殖民地南部比英国本土纬度低 20 度，但这里的寒冷丝毫不亚于英国本土。因此，这里的植物也更能适应更加靠北的英国的气候。而且，事实已充分证明英国的土壤和气候与这些植物相宜。尽管它们的耐寒程度不一，而有些（在幼苗期）还需要一点保护措施，但还是有一些品种坚强地度过了英国的冬天，犹如本土的植物。

尽管人们普遍认为英国的气候阴冷潮湿，但北大西洋暖流让英国也能够种植本不可能在高纬地区生长的异域珍贵植物。在凯茨比引入的能适应英国环境的植物中，广玉兰是最引人注目的品种之一。它有着光滑的绿叶和巨大的白色花朵，形似握成杯状的手。然而，在人工条件下栽培异域植物，使其慢慢适应环境是一件奢侈的事情，因为对生长条件进行试验既需要时间也需要金钱的支持。

许多种类的植物是从……美洲攫获和培育的，尽管它们当时主要还是富人和好奇者的所有物，但也有望因为国家利益而传播开来的……它们数量的增加既有利于满足森林繁茂生长，也有利于人们装点花园。

如果说凯茨比与园丁们合作，促进了北美洲植物的栽培导致北美洲植物热兴起，那么 18 世纪中叶彼得·柯林森和约翰·巴特拉姆的关系使得英国园丁们能够持续培育来自北美洲的植物。要使引入植物繁荣生长，就需要成功运输它们，而只获取种子或只在欧洲海岸和殖民地栽培是不够的。如果人们想要利用这些植物，那么种子要经历发芽、生长和存活的过程。因此，那些易于在英国土壤中生长的异域植物不需要太多新主人的帮助就可欣欣向荣，这一点也就不足为奇了。

许多常见的“幸存者”易于栽培但也难以根除，如原产地为尼日利亚和刚果的虎尾兰。它在19世纪初被引入英国。适应性强的植物能够在不同条件下迅速生长，能够在长途运输后继续存活。就这样，珍稀品种可能有朝一日变得寻常，它们往往会成为为害一方的杂草。16世纪初，小约翰·特里德森特刚从北美洲引入紫露草时曾轰动一时，而这一美洲进口的珍品现在成了大多数被引入地区的杂草。然而，许多引进的物种难以栽培，需要发挥几代园丁的智慧和经验。1501—1900年，英国的气候发生了变化，冬季严寒，春末结霜。这为那些想要栽培异域植物的人带来了新挑战。

人们需要找方法照料植物度过生长的艰难期。卡托（前234—前149）、瓦罗（前116—前27）和著名的科卢梅拉（4—70）等罗马作家提出了栽培南欧植物的实用建议。其他植物可以在冬天移到室内，但“柑橘温室”只是少数富人的奢侈品，也不适合栽培很多热带品种。正如战争促进科技发展那样，园丁争相施展一技之长，种植珍稀异域植物也增加了园林植物的多样性。为使植物存活下来，人们通常要付出巨大努力，而它唯一的意义就在于让人们在成功之后可以声称自己能够完成这一挑战。

温度与温室的发明

> 我认为，人们对外来植物的不重视主要是因为遇到了困难，他们不知如何在冬天养护它们，于是我制定了这样的管理原则，这可能会让栽培方式显得更浅显易懂，也能让每个喜爱这些珍稀植物的人更熟悉这些栽培方式。“柑橘温室”的美丽和优势很大程度上在于其良好的养护条件，当我想起这一点，每天再见到那些被木炭毒害或被冻死的珍贵树种时，就一点也不觉得奇怪了。这些都是因为英国温室的糟糕设计造成的。

18世纪初，剑桥大学植物学教授理查德·布拉德利担心没有耐心的人们，尤其是园丁们不能成功种植异域植物，而温室不能满足他们的需求。

> 温室很常见，其装饰性往往较实用性更强。它们能够接收南面的阳光，而这被认为是唯一与温室内植物健康有关的因素。很少有能将植物在冬天养护得很好的温室。这或是因为它们坐落在潮湿的地区，或是因为温室的玻璃不够厚，或是因为温室内结构不合理。有时候，一座温室避免了以上所有问题，却因为下方的从炉子传热的暖气管设置不合理而出现问题。

布拉德利聘请年轻的意大利建筑师亚力山德罗·加利莱（1691—1736）设计一个既符合建筑学原理又能适当照顾到异域植物生长状况的温室。

布拉德利的“大温室”概念是面向非常富有的人的，但这与后来的温室相比还是小巫见大巫了。几个世纪以来，追求时髦的人们争相在室外培育能够获得荣誉的植物。19 世纪的异域植物的殿堂——温室，并不是一蹴而就的发明。它们是由 17 世纪的“炉火温室”经由“水果墙”和“橘子温室”演化而来。

“水果墙”是一种古老的园艺设施，能够保护果树和藤蔓的生长，并为果实成熟创造温暖的小气候。植物被种植在墙朝南的一侧，也可能被种植在合适的建筑里，这是根据果实成熟所需的光照强度和温度所设定的。“水果墙”可以抵御北风，而砖石可以保存阳光照射产生的热量。在 16 世纪的英国，富人们对果树和葡萄藤满怀热情，于是来自欧洲大陆的新植物被源源不断地输送到英国。1665 年，约翰·雷伊在其著作《关于植物和花卉栽培，一本完整的花谱》中列出了经过他精选的一些水果，包括苹果、梨、榅桲、樱桃、李子、桃子、杏、油桃和 100 种葡萄树，但这些水果中只有 9 种能够适应英国的气候。

由于 17 世纪欧洲的柑橘树需要在冬季被保护起来，由此促进了“橘子温室”的发展。人们并不期待它们开花或结果，按约翰·雷伊的话说：

> 我们种植的柑橘树可能更适合归为绿植，而不是果树。这是因为它为

我们带来的好处在于那长青的绿叶之美，在于有着甜香的花朵。在英国这样寒冷的国度，它的果实永远不会成熟。

柑橘树曾经通常被安置在相当简陋、窗户窄小、供暖较差的建筑中，而那简陋的建筑最终在18世纪变成了更加精巧的建筑。荷兰人是柑橘种植技术的伟大研发者，他们写的园艺书对法国、德国和英国的柑橘爱好者而言不可不读。荷兰人的主要成就是使用玻璃增加“橘子温室”内部的光照，并改善了供暖设施。由于采用了这些经过改良的设备设施，17世纪末英国庄园内的“橘子温室”也可产出数以千计的果实。而谈及建造温室开销的奢侈程度，路易十四位于凡尔赛的“橘子温室”无可匹敌。将植物转移到室内过冬或许是保护珍贵异域植物的最佳方案，但人们也试验过更便宜的方法，如搭建棚子、挖坑、用布或草垫覆盖、用钟罩罩住等。

尽管当时人们还无法准确调控室内环境，但人们也认识到光照、空气和温度的重要性。虽然直到20世纪中叶电灯出现后人们才可控制温室内的昼长，但早在17世纪人们就可以人为地通过敞开的壁炉、高炉台、烧木炭的锅和铁炉来提高温室内的温度了。这些方法较为粗糙，因此室内热量分布不均且几乎无法调节，室内空气干燥，布满烟尘。解决这一问题的关键在于移走直接热源，这样可以让空气更洁净，热量分布也更均匀。1684年切尔西药用植物园构建了一座新建筑以容纳异域植物。约翰·伊夫林便是早期的访客：

我去了伦敦的第二天要拜访瓦特先生，他是切尔西药用植物园的管理员。那里有着数不胜数的珍稀植物，特别是除了有很多一年生植物外，还有金鸡纳树……其地下暖气十分精巧，是通过温室下方的拱顶砖炉来运作的，所以当在严冬时节这里也温暖如春。

人们想让异域植物生长，而不只是让它们存活下来。地暖并非十全十美，于是人们还在继续改善温室的设施。伊夫林为此做出了一定贡献，他也是首批在园艺实践中使用新发明出的温度计的人之一。无论他们是对异域植物感兴趣还是对不那么有异域特色的植物感兴趣，温室成为专业园艺学家眼中的重要设施。1691 年，约翰·吉卜森发现，在他参观的 28 座植物园中有 22 座都有温室。不过他对伊夫林的温室寓贬于褒，他评论道："漂亮的小温室，其内容无关紧要。"温室也可以相当高产，尽管这要耗资巨大，甚至倾尽了整个植物园之力。在贝丁顿植物园的温室内，诺福克公爵的年迈的园丁声称自己"去年（1690 年）采摘了……至少 10 000 只橘子"，尽管园内其他区域已经"乱作一团"了。18 世纪，欧洲有越来越多的富人在热带殖民地工作或生活。他们回国后，那些富有和乐观的人愿意冒险种植自己熟悉的热带植物。

适合亚马孙王莲的温室

一个多世纪后，1828 年，年轻的约瑟夫·帕克斯顿（1803—1865）开始了他在查茨沃斯庄园的工作，作为第六代德文郡公爵威廉·乔治·斯宾塞·卡文迪许（1790—1858）的园丁。上任后，他几乎立刻开始对布拉德利等人设计的改进温室的方案进行试验。帕克斯顿关于温室建造新方法的试验在查茨沃斯的温室中达到了顶峰（1836—1841）。该温室是一座巨大的玻璃建筑，长约 70 米，宽约 37.5 米，高约 20 米。这样一座巨大而昂贵的温室是前所未有的，而它宏伟的设计和显然高昂的维护成本使得德文郡公爵在园艺界声名远扬。此外，帕克斯顿还在 1849 年赢得了培育巨大的亚马孙王莲的比赛。德文郡公爵在园艺界的好名声也因此得以稳固。帕克斯顿使用的温室内有直径 9 米的水槽和一个能够确保水温控制在 30 至 32 摄氏度之间的加热系统。

1849 年，亚马孙探险家理查德·斯普鲁斯在巴西圣塔伦附近发现了亚马孙王莲，他在书中写道，此花在葡萄牙语中"被称作 Forno，也就是烤箱……这是由于它巨大的叶片形似烘焙面包的圆形烤箱"。亚马孙王莲漂在水面上的叶子的尺寸（直径可达 2.4 米）就足以令人惊叹，但叶片之下复杂的支撑系统也非常惊人，还有那直径约 40 厘米的花朵及其浓郁的芳香。波希米亚植物学家托马斯·哈恩克于

1801 年首次发现了亚马孙王莲，此后许多亚马孙探险家也曾一睹它的风采。1837 年，约翰·林德利赋予其 *Victoria regia*（王莲）之名，以此向刚刚加冕的维多利亚女王（1819—1901）致意。然而，根据植物命名规则，它的正确学名应为 *Victoria amazonica*（亚马孙王莲）。

自德国探险家罗伯特·尚姆布尔克（1804—1865）从英属圭亚那将亚马孙王莲的种子寄回英国之后，邱园就一直在尝试培育它。帕克斯顿劝服其好友——邱园园长威廉·杰克逊·胡克给了他一株亚马孙王莲的幼苗。当帕克斯顿向公众展示王莲时，他安排自己的女儿身着仙子服饰，站在王莲的一片叶子上。剧作家、记者道格拉斯·威廉·杰罗德（1803—1857）用几句打油诗记录下了这富有戏剧意味的展示：

> 水面倒映的，是百折不弯的叶和仙子模样。
>
> 人们衷心热爱，投以赞赏的目光。那是帕克斯顿的女儿安妮，立于叶上。

1850 年，帕克斯顿设计了一个简单的方形温室，专门用于栽培王莲。该设计基于王莲叶片独特的几何纹路，后来成了 1851 年伦敦世界博览会水晶宫的设计原型。但是帕克斯顿在园艺方面的努力也不是都得到了回报。1837 年，他的学徒约翰·吉布森从加尔各答带着人们梦寐以求的多分布于寺庙等宗教场所的缅甸璎珞木回了国。尽管帕克斯顿付出了艰苦努力，他还是没能让这棵非比寻常的树开出花朵。

亚马孙王莲于19世纪被引入英国，轰动一时。约瑟夫·帕克斯顿费了一番心思，成功让这种植物在英国发芽开花。他不仅开创了欣赏亚马孙王莲的风尚，也改变了温室的设计方式。第134、135页图所示的版画收录在《柯蒂斯植物学杂志》（1847）中，在帕克斯顿让其开花两年后问世。关于亚马孙王莲的画作首次出版于约翰·林德利的《王莲评论》（1837）中。在此之前，南美洲探险家罗伯特·绍姆伯格曾在野外创作了关于亚马孙王莲的画作。

HORTUS

赞助植物学家

温室一直都是非常富有的人或大机构的专属设施。对一位无法接触到温室的植物学家而言，赞助是必要的。正如林奈在 18 世纪初写道：

植物学的确太难了，关于异域植物的研究更是如此。是的，研究植物学需要大量的资金，因为土壤出产的所有作物都并非随处可见，因为那不计其数的植物散落在全球各地。要迅速前往遥远的印度，要踏上新大陆，要探索世界的边缘，要眺望永不落的太阳，这不仅关系到一位植物学家的生命或是他的钱包，他采集的资源也可能在旅途中丢失。植物学家需要世界级的商业活动，需要收录几乎所有关于植物、植物园、温室和园丁书籍的图书馆。

林奈在他的职业生涯中获得了许多有权势的人的赞助。林奈最早的赞助人之一是金融家乔治·克利福特（1685—1760），他出资修建了哈特营的花园和温室。林奈耗时九个月和当时最杰出的植物艺术家格奥尔格·狄奥尼修斯·埃雷合著了《克利福特园》（1737），书中描述了克利福特的植物收藏，其中包括许多新物种。其扉

林奈著作《克利福特园》（1737）的扉页有一则精美的插图，如左页图所示。一名欧洲女子头戴王冠，扬扬得意，位于身披花环的克利福特半身像下方，备受尊崇，接受来自其他大洲人的致意。一名亚洲女子献上一株咖啡树；一名来自非洲的女子献上芦荟；一名来自美洲的男子身披羽毛，献上莲叶桐。画面左侧是一株开花结果的香蕉树，这也是第一株在欧洲结果的香蕉树，在克利福特园的温室里生长。以年轻时期的林奈为原型的阿波罗站在一条已死的巨龙身上。前排有两个胖乎乎的小天使，他们位于一个火盆旁边，手里分别拿着园艺使用的工具：一把铁锹和一个温度计。欧洲人的前方是一张克利福特园的平面图，旁边是藤友木盆栽。藤友木的英文名为Cliffortia，林奈为纪念克利福特（Clifford），赋予其这样的名字。整幅画的背景是修剪过的篱笆和一座温室，周围是一片规划完善的景观。

页插画中的香蕉便需要湿润温暖的温室才能茁壮成长。

还有一些植物则需要干燥炎热的环境，如澳洲沙漠豆。澳洲沙漠豆又称斯特尔特沙漠豌豆，其花朵颜色炫目，呈紫红色和黑色。它属于欧洲人在澳大利亚采集的第一批植物。1699 年 8 月，威廉·丹皮尔从西澳大利亚的鲨鱼湾采集了少量植物，其中就包括这种豌豆。丹皮尔在其游记类畅销书《新荷兰之行》（1703）中，根据他采集的植株，首次对斯特尔特沙漠豌豆进行了描述，而那株豌豆标本现在被收藏在牛津大学植物标本馆内。

尽管斯特尔特沙漠豌豆在澳大利亚土著文化中有多种名字，但直到 19 世纪 50 年代，它才获得了“斯特尔特沙漠豌豆”这一通俗的名称。这是为了纪念英国探险家查尔斯·斯特尔特，他曾前往澳大利亚中部探险（1844—1845）。斯特尔特沙漠豌豆广泛分布在澳大利亚南部，从东海岸到西海岸均有分布，且其自然种群色彩缤纷、形态各异。但正因如此，人们曾多次采集它并赋予它不同的名字。就在最近，有人建议将斯特尔特沙漠豌豆归到一个独立的属群中，即“威尔丹皮尔”（Willdampia），该名字是为了纪念发现它的那名海盗。自然，这种引人注目的花朵也吸引了园丁们的注意。尽管它难以栽培，但人们早在 1858 年就在英国伦敦的维奇父子公司的温室中将其培育至绽放花朵了。

斯特尔特沙漠豌豆的花朵呈紫红色和黑色，这种植物是欧洲人在澳大利亚采集到的首批植物之一。威廉·丹皮尔于1699年在澳大利亚西部采集到这种植物，并于1703年为它绘制了图画。这种绝妙的花很难栽培，但还是引起了园丁们的注意。左页图收录在《柯蒂斯植物学杂志》（1858）中，图中的这株斯特尔特沙漠豌豆花于1858年3月被引入维奇父子公司位于伦敦的温室中。

肥料的魔力

那些讲究的人不适合栽培植物。栽培异域和本土植物的关键就是肥料。瓦罗曾在关于罗马农业的文章中写道，乌提卡的卡修斯·狄俄尼索斯认为鸽子粪便是最佳肥料，其次是人类粪便，再次是山羊、绵羊和驴的粪便。然而瓦罗的经验表明，上好的肥料来自画眉和乌鸫的粪便，“因其不仅对土地有好处，也是牛和猪的绝佳饲料”。几个世纪以来，牛津大学植物园的植物在肥料的滋养下繁荣生长。膀胱、肠子里的东西，牛津市民的厨房和大学里的残羹剩饭改变了牛津大学植物园内的土壤。1621—1626 年，牛津大学里的“清道夫”收集了 4 000 桶粪便，于是牛津大学植物园内土壤缓慢的动态变化开始了。

并非只有植物园需要这种植物的基本养分。让·鲁尔的著作《自然植物（三卷本）》（1536）的扉页展现了 16 世纪早期的游乐花园和凉亭，该游乐花园坐落于耕地附近，因此对于肥料必定有精细的控制。让·鲁尔是法国国王弗朗西斯一世（1494—1547）的医生和《自然植物》一书的赞助者，还是狄俄尼索斯的作品的著名译者。《自然植物》不仅以扉页闻名，还试图提供一种系统的、描述性的植物形态学说，同时广泛汇集了当时植物学家使用的术语。

在《各类精美花果装点的花之天堂》（1608）一书中，休·普拉特爵士建议将剁碎的猫狗肉、牛血和鸽子粪便涂在长势不好的果树根部作为助长剂。面向伦敦市场的花园在 18 世纪和 19 世纪从来自都市的肥料中汲取了丰富的养分。1800 年，伊拉姆斯·达尔文（1731—1802）曾说：

> 来自各类动植物的物质，如动物的肉、脂肪、皮和骨头，还有胆汁、唾液、黏液等分泌物和尿液等排泄物；植物的果实、粉末、油、叶子和木材，只要能在土壤表层或内部适当分解，就能够为植物提供最有营养的养分。

19 世纪，人们从欧洲屠宰场运来大批动物骨骼，生产骨粉。更令人不安的是，德国化学家尤斯图斯·李比希（1803—1873）愤而抱怨道，为了滋养英格兰那“翠绿宜人的土地”，英国掠夺了其他国家的养分。对骨头的渴望让她翻遍莱比锡、滑铁卢和克里米亚战场；她已从西西里的地下墓穴掳走了数代人的遗骨……从其他国家的海岸上掳走了大量的肥料。她从我们这里带走了养分，又将其浪费，通过下水道冲到海里。她就像吸血鬼一样攀在欧洲——甚至整个世界的脖子上。

德裔英国博物学家萨缪尔·哈特利布（1600—1662）曾论及一位肯特郡的女士，这可能会引起对如何栽培植物几乎一无所知的人的怀疑：

> 她在桶里存储家里所有的尿液，装满一桶后就将其洒在草坪上。起初，草看起来会发黄，但过了一小段时间后，草就长得很好了。邻居们都好奇不已，认为她施了巫术。

还有一些人则更关注植物养分的实际来源。农业学家杰叟罗·图（1674—1741）关注动物和人类粪便的使用：

> 植物生长时不可避免地需要这些排泄物做成的肥料。但味觉能精准过滤，让人们没有在吃被排泄物滋养的植物的感觉。植物还可更进一步地将各种污浊之物净化、消除，令人惊奇。

人们熟知，植物的生长不能仅依靠水、新鲜的空气和光。19 世纪末，人们了解到植物还需要氮、磷和钾等营养物的滋养。它们需要氮和磷来构建蛋白质，需要钾促进成长。不同土壤的物理、化学成分不同，所能培育的植物种类也不同。即便是在同一座花园中，一种植物可能在某片区域生长得很好，在另一片区域则表现平平。

然而，如果土壤不合适，那么园丁在栽培植物时的所有努力将付诸东流。例如，很少有园丁会尝试在钙质土壤中种植偏好酸性土壤的杜鹃花。

肥沃的土壤

土壤非常复杂，往往被人们忽视，直到它们消失或不再肥沃。维吉尔在《农事诗》一书中赞颂了“土壤的天赋，每一寸土地的力量、颜色和孕育万物的能力”。肥沃的土壤如同植物的天堂，更可能存在于邻家土地上。它是矿物质、有机物、空气、水和微生物的综合体。肥沃的土壤水分充足，容易渗透进植物根部，也拥有并会逐渐释放一株植物所需的所有养分，有适当的酸碱度和有机物含量，有分解和释放营养物所需的微生物。希腊的泰奥弗拉斯托斯，罗马的科卢梅拉、瓦罗和卡托等都意识到了土壤肥力的重要性。自然增加土壤养分最知名的例子是尼罗河的周期性洪水，它滋养了构建起古埃及文明的植物。老雅各布·博瓦尔特为早期的牛津大学植物园增添了丰富的肥料，它们富含植物生长所需的营养物和防止这些养分流失到附近的伊希斯河的腐殖质。

氮约占空气的五分之四，但植物无法直接使用它。植物只能通过土壤中的硝酸盐来吸收氮，而硝酸盐又是由细菌，尤其是豆科植物根瘤中的细菌产生的。这便是所谓的氮循环，也是地球上原子在 38 亿年的生命中经历的众多循环之一。泰奥弗拉斯托斯曾呼出的碳原子、滑铁卢战场上遗骨的磷原子和君王们排泄出的氮原子可能就存在于你家窗台上的一株植物中。卡托和科卢梅拉曾对三叶草和羽扇豆等豆科植物保持土壤肥力的功能进行阐述。17 世纪初，约翰·帕金森是最早一批认真研究并记录不同肥料对植物生长的影响的园丁之一。18 世纪英国的农业革命则详细研究了肥料的效力。18、19 世纪时有一种家庭手工业：园丁们阐述并出版了自己制作肥料的秘方。实践经验告诉园丁和农民如何用肥料促进植物生长，19 世纪中期的科学革命才使人们对这些实践经验有了科学认识。

发现鸟粪石

在 19 世纪初人们发现南美洲的鸟粪石和 20 世纪哈柏法问世之前，氮和磷一直是土壤中的珍贵成分。鸟粪石是南美洲海鸟粪便的积聚物。事实证明，它是 19 世纪英国植物营养物和利润的丰富来源。秘鲁和英国之间的鸟粪石贸易始于 1820 年，于 1858 年达到顶峰，当时每年有大约 30 万吨的贸易量。这种贸易事实上被安东尼・吉布斯父子垄断，该家族也因此变得极为富有。布里斯托附近廷特斯菲尔德的哥特式复兴建筑、牛津的基布尔教堂和吉布斯的爵位都源于鸟粪石贸易所创造的利润。的确，肥料带来了巨大的经济回报，以至于智利、秘鲁和玻利维亚打响了太平洋战争（1879—1883），来争夺硝酸盐产地的控制权。

正如人类是在糖类有限的环境中进化的一样，大多数植物也是在营养有限的环境中进化的。甘蔗和奴隶制度使欧洲人能够获得持续的糖供应；鸟粪和硝酸盐为人们提供了工业所需的氮和磷。然而，就像糖的甜味让人上瘾一样，化肥也会让植物上瘾。

繁殖植物

贪婪的植物学家和园丁们想要拥有其竞争对手获得的植物品种，还想身边满是自己培育出的植物新品种。他们还有一些不太唯利是图的动机，可能包括想确保人们需要的植物顺利繁衍。

如果书籍或标本馆中都没有栽培某种植物的蛛丝马迹，那么园丁们就需要采取保护措施，以确保植物能够存活下来。如果植物没有繁殖，它们就无法存活于世。许多植物因为疾病枯萎，还有一些则是因为人们对其兴趣寥寥而被淘汰，植物爱好的风向瞬息万变。17、18 世纪的园艺书中满是对未能在培育过程中存活下来的植物的描述。花店协会的狂热会员所培育的数千种风信子到今天仅存几百种，这不是新现象。被老普林尼称为罗盘草（属伞形花科）的植物对罗马人而言有着巨大的社会和经济价值。对昔兰尼[①]人来说，它也非常重要了，因此出现在他们铸造的硬币上。尽管罗盘草分布广泛，它却也是记录在册的最早因人类而灭绝的植物。罗盘草的灭绝是一个关于过度开发和栖息地破坏的故事，这种故事屡见不鲜。

还有一些植物在野外已经灭绝，但通过园丁们在栽培过程中的努力而得以幸存。

① 位于现利比亚境内的古希腊城市，始建于公元前 7 世纪。

ARBUSTRUM AMERICANUM:

THE

AMERICAN GROVE,

OR, AN

ALPHABETICAL CATALOGUE

OF

FOREST TREES AND *SHRUBS*,

NATIVES OF THE AMERICAN UNITED STATES,

ARRANGED ACCORDING TO THE LINNÆAN SYSTEM.

CONTAINING,

The particular diſtinguiſhing *Characters* of each GENUS, with plain, ſimple and familiar *Deſcriptions* of the *Manner* of *Growth*, *Appearance*, *&c.* of their ſeveral SPECIES and VARIETIES.

ALSO, SOME HINTS OF THEIR USES IN

MEDICINE, DYES, AND DOMESTIC OECONOMY.

COMPILED FROM ACTUAL KNOWLEDGE AND OBSERVATION, AND THE ASSISTANCE OF BOTANICAL AUTHORS,

BY HUMPHRY MARSHALL.

PHILADELPHIA:

PRINTED BY JOSEPH CRUKSHANK, IN MARKET-STREET, BETWEEN SECOND AND THIRD-STREETS.

M DCC LXXXV.

(48)

or three feet, generally ſeveral from one root, with ſmall, alternate, divaricated branches. The leaves are oval, ſomewhat toothed towards the apex, and placed alternate. The flowers are produced in ſpikes terminating the ſtalks; they are ſeſſile, and each furniſhed with a bractea or floral leaf, which is ovate, rough externally, longer than the empalement and ſitting cloſe at their baſe; they are produced early in the ſpring and being thick ſet, make a beautiful appearance with their long, ſnowy white ſtamina. The fruit or ſeed-veſſel very much reſembles that of the Hamamalis or Witch Hazel, but is much ſmaller.

This, in ſome late Catalogues, has been called *Youngſonia*, in honour of William Young, Botaniſt, of Pennſylvania; but by Dr. Linnæus, *Fothergilla* in honour of the late Dr. Fothergill of London. It was firſt ſent to Europe, from Carolina, by John Bartram, to his friend P. Collinſon, by the title of Gardenia.

FRANKLINIA.

FRANKLINIA.

Claſs 16. Order 5. Monadelphia Polyandria.

THE *Empalement* is of one leaf, five-cleft; the diviſions roundiſh.

The *Corolla* conſiſts of five petals, large, ſpreading, roundiſh, narrowed towards the claw, and joined at the baſe.

The *Filaments* are numerous, awl-ſhaped, joined beneath in a cylinder, and inſerted in the corolla. The *Antheræ* are twin.

The *Germen* is roundiſh, lightly furrowed. The *Style* cylindrical and longer than the ſtamina. The *Stigma* obtuſe and rayed.

The *Seed-veſſel*, a roundiſh nut with five cells.

The *Seeds* are wedge-form, and ſeveral in each cell.

The

(49)

The Species *one*, viz.

FRANKLINIA alatamaha. *Franklinia.*

(Bartram's Catalogue.)

This beautiful flowering, tree-like ſhrub, riſes with an erect trunk to the height of about twenty feet; dividing into branches, alternately diſpoſed. The leaves are oblong, narrowed towards the baſe, ſawed on their edges, placed alternately, and ſitting cloſe to the branches. The flowers are produced towards the extremity of the branches, ſitting cloſe at the boſom of the leaves; they are often five inches in diameter when fully expanded; compoſed of five large, roundiſh, ſpreading petals, ornamented in the center with a tuft or crown of gold coloured ſtamina; and poſſeſſed with the fragrance of a China Orange. This newly diſcovered, rare, and elegant flowering ſhrub, was firſt obſerved by John Bartram when on botanical reſearches, on the Alatamaha river in Georgia, Anno 1760; but was not brought into Pennſylvania till about fifteen years after, when his ſon William Bartram, employed in the like purſuits, reviſited the place where it had been before obſerved, and had the pleaſing proſpect of beholding it in its native ſoil, poſſeſſed with all its floral charms; and bearing ripe ſeeds at the ſame time; ſome of which he collected and brought home, and raiſed ſeveral plants therefrom, which in four years time flowered, and in one year after perfected ripe ſeeds.

It ſeems nearly allied to the Gordonia, to which it has, in ſome late Catalogues, been joined: but William Bartram, who firſt introduced it, believing it to be a new Genus, has choſen to honour it with the name of that patron of ſciences, and truly great

and

G

富兰克林树是美国南部的一种树，是一个得益于人类栽培而免于灭绝的例子。人们于1765年首次发现了这种植物，于1803年最后一次在野外见到它。人们认为，富兰克林树的灭绝是18世纪90年代左右采集植物活动的直接后果，而采集到的这些植物正是如今人工栽培植物的源头。汉弗瑞·马歇尔是最早绘制这种树的插图的人之一，并将插图收录在其作品《美洲树丛》（1785）中，左页图为该书的扉页，本页图为该书的内文。

开白花的富兰克林树原产美国佐治亚州，是由博物学家约翰·巴特拉姆及其儿子于 1765 年 10 月在野外首次发现的。人们最后一次在野外看到它是在 1803 年。大约 1790 年，园丁莫西·马歇尔（1758—1813）偶然栽培并繁殖了一些富兰克林树。今天的富兰克林树都是人工栽培的。若要广泛培育一株植物，那就需要它繁殖速度快、难度小且成本低。传统意义上，园丁们有两种繁殖植物的基本方法：通过种子有性繁殖或通过某种扦插方式无性繁殖。

通过种子繁殖

种子可以移动，能够自给自足、忍耐干燥，在适当的环境条件下便可发芽。这是植物从原产地引入植物园最为普遍的方式。此外，如果植物能够产出充足、可繁殖的种子，那么这些种子也容易散播。17 世纪末，牛津大学植物园的小雅各布·博瓦尔特是首批正式制作清单，以购买或交换获取种子的植物园园长之一。他甚至在 1690 年 2 月 5 日的《伦敦公报》上刊登了一则广告，寻求“圣夫瓦的优质新种子”。但小雅各布·博瓦尔特的开拓性的活动可能使他疏忽了对植物园的维护工作，因为众多参观者认为这座植物园与其在欧洲的竞争对手相比略逊一筹。植物园内种子的传播为个人、机构和科学创造了利益，具有革命性，即便这种交换在 17 世纪欧洲的博物学家之间并不稀奇。此外，种子交换已经在社区内部和各社区之间开展了数千年，这项活动与每年粮食生产周期息息相关。但是，种子也是有寿命的，它们会随着时间的推移逐渐失去活力。种子保持活力时间的长短取决于它的品种，可能只有几个星期，也可能长达数十年。在 20 世纪种子冷冻设备能够保证低温干燥的储存条件前，园丁必须定期栽种种子，以保持充足供应。马克·凯茨比充分意识到了种子活力的问题：

> 因为那些有能力从美国采购大量种子和植物的人，可能不知道该向国外发送什么要求，所以我一直强调在哪里可以找到几种不常见的植物，并指出应当如何收集、包装它们，并加以保护，以便在航行中保持良好状态。

虽然它们的习性鲜为人知，但这些都是极其重要的问题。

休眠

休眠是大多数种子的自然存活特征，其形式可能多种多样。种子一旦开始发芽便没有退路。幼苗必须适应周围的任何环境，否则它就会枯死。如今，人们从物理特性的角度来看待休眠，例如厚的种皮是阻碍水分进入种子的屏障。还有其他一些品种在种子收获时胚胎可能尚未成熟，因此还需要一些时间成熟。还有一些时候，胚胎的发育可能受到化学因素的抑制。园丁和植物学家可能需要将种子从休眠中唤醒。

尽管园丁们对种子休眠的确切基础知之甚少，但他们发现了能够克服种子休眠的巧妙方法。在某些情况下，只储存种子是不够的。在有些情况下，需要物理破坏，对种子进行破皮处理，还有些情况下则需要将其冷藏。想要唤醒在地中海和稀树草原等火灾多发地区生长的植物的种子，则需要更加复杂的操作，如把种子暴露在烟雾中。

兰花

兰花的娟秀气质和异域风情吸引了园艺家们，但通过种子培育兰花尤其具有挑战性。兰花的小粒种子不会休眠，因此，要让幼苗存活就必须迅速建构起特定的真菌组合。19 世纪英国的兰花专家约翰·林德利沮丧地说："在兰科植物的发芽问题上，没有什么是确切无疑的。"兰花也吸引了学术界和艺术界人士。弗朗兹·鲍尔（1758—1840）和他的弟弟费迪南德·鲍尔都是才华横溢的艺术家。弗朗兹·鲍尔职业生涯的大部分时间都与约瑟夫·班克斯一起在邱园度过，和费迪南德·鲍尔不同的是，弗朗兹·鲍尔用放大镜观察植物世界。弗朗兹·鲍尔详细描绘了兰花，特别是对花朵各部位的关系极尽关注。他发表的作品构成了"极其珍贵的植物解剖学和生理学图解材料中的一小部分，而弗朗兹·鲍尔先生漫长而成就丰富的一生都致力于从事这项工作"。

GENERA.

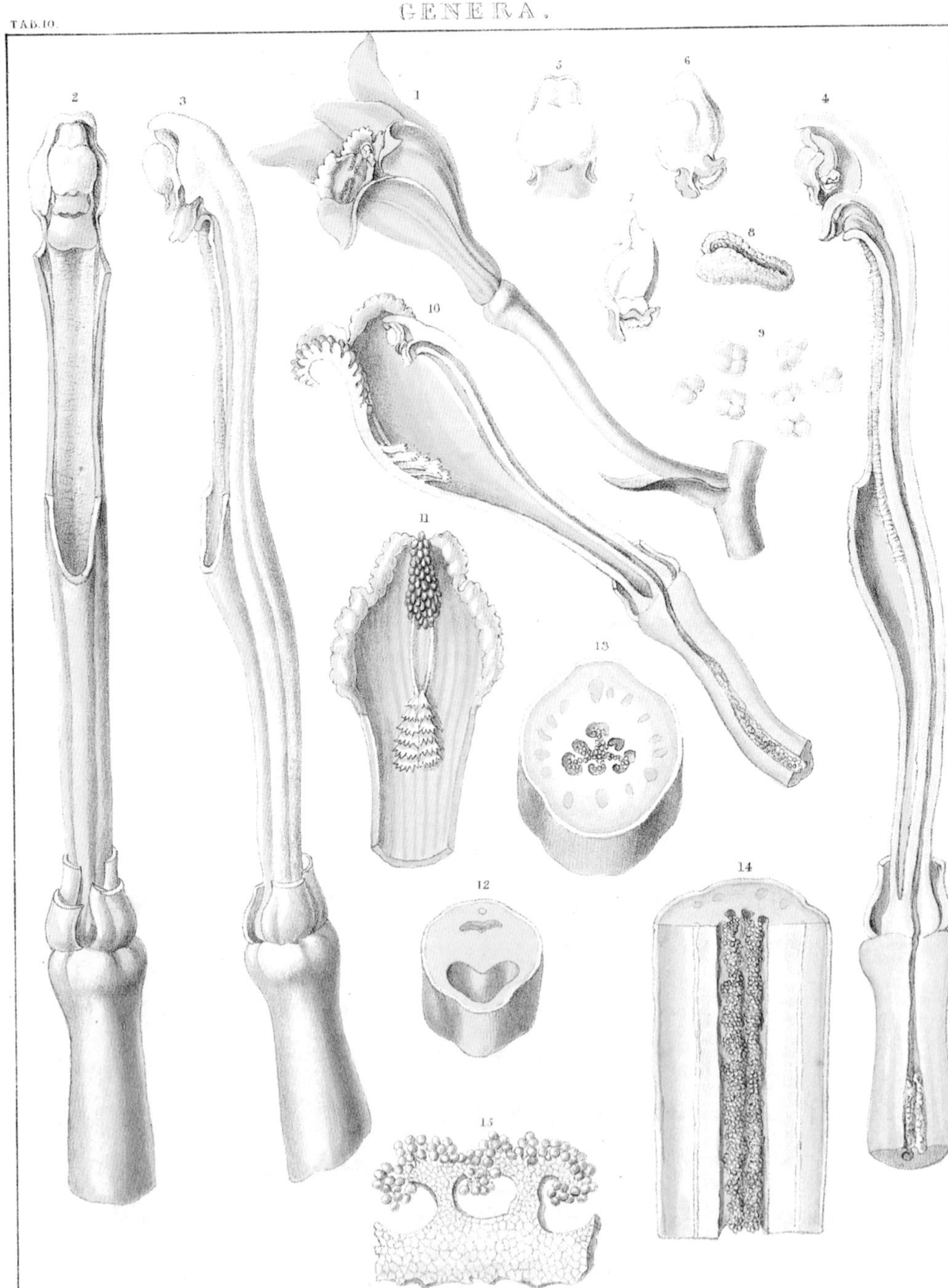

Vanilla planifolia. A.

Franz Bauer del. 1803 Gauci lithog. Printed by C. Hullmandel.

无性繁殖

无性繁殖基于任何能够再生为其他植物细胞的植物细胞，这种特性被称为细胞的全能性。任何曾将被折下的枝叶或根部插入土壤中，种出想要获得的新植株的人都熟悉这个过程。几千年来，细胞的全能性一直是植物剽窃和繁殖技术的基础，尽管它究竟如何运作仍旧成谜。一代代园丁的试验和错误都意味着园艺智慧和传说都是围绕某种植物的哪一部分适合繁殖而展开的。北美洲的漆树、亚洲的木瓜和南美洲的西番莲都是通过扦插繁殖的；美国的马铃薯和耶路撒冷的洋蓟是通过块茎繁殖的；地中海薄荷和中国的大黄是通过根茎繁殖的；众多常见的春季开花植物，如番红花、郁金香和百合是通过球茎、肿胀的地下根茎或鳞茎繁殖的。简单粗暴地切开大型植物或折断其枝条都是繁殖北美洲的紫菀、草莓和南美洲的菠萝的有效方式。其他无性繁殖的方式则依靠植物在被破坏后生根或发新芽的能力。木兰、印度榕或喜马拉雅杜鹃都很容易通过压条法繁殖。许多果树则是通过根蘖分株繁殖法繁殖的，即将一棵树彻底砍倒，让其长出新芽。不过，大多数人熟知的还是茎插和叶插。秋海棠、非洲紫罗兰、大岩桐和天竺葵都是通过这两种方式“潜入”欧洲花卉爱好者的家里和心里的。19 世纪初，林奈协会的创始人詹姆斯·史密斯赞扬植物采集者弗朗西斯·马森在约克郡和诺福克用天竺葵“填满了每间阁楼和小屋的窗户”。不过马森之所以能做到这一点，是因为园丁们依靠通力配合和实用知识的辅助来繁殖这些新植物，并将它们提供给渴望拥有新奇植物的公众。

弗朗兹·鲍尔的《兰科植物插图》（1830—1836）体现了他对兰花的喜爱，还有他描绘显微镜下精细的植物解剖图的高超绘画技巧，如左页图所示。中美洲香荚兰的豆荚烘干后可以产出商用的香草香精。香荚兰是一种攀缘植物，可生长超过20米高。但这种植物在野外很少开花，其幼苗也不太常见。因此香荚兰很少在野外进行有性繁殖，人们建立了商业种植园，通过扦插培育这种植物。

1
2
3
4

郁金香狂热

在晚春盛开的郁金香通过鳞茎繁殖。17 世纪 30 年代初，著名的投机泡沫“郁金香狂热”在荷兰蔓延开来，郁金香供不应求。在此期间，单个鳞茎的价格高不可攀，其中最稀有也最昂贵的一株鳞茎名为“永恒的八月”，其价格高达阿姆斯特丹一座房子的两倍。奥斯曼帝国的君主们熟悉的杏仁状花朵经过一系列复杂的杂交和选育过程，变成了我们熟悉的花店里的郁金香。到 18 世纪末，由于人们培育并有效繁殖了更多变种，郁金香的价格便急剧下降了。在一篇包含了 730 种被命名的郁金香的目录中，鳞茎价格从每株几便士到几先令不等。“郁金香狂热”的讽刺之处在于，价格最高的郁金香品种感染了一种病毒，病毒破坏了花瓣的颜色，最终使鳞茎变得衰弱。经过几代郁金香的种植者的共同努力，这种病毒如今已被根除，不会再感染鳞茎了。

嫁接

即便园丁们不了解种子的功能和它们的形成方式，但实践经验丰富的他们知道有些植物无法通过种子繁殖。如果有人试图用种子培育出某些苹果、梨和葡萄的变种，那就是在浪费时间。由于这些植物是通过杂交来产出种子的，每粒种子都可能长成一株与亲代差异巨大的植物。因此，若要培育出与亲代一模一样的植物，就需要用到一种植物繁殖技术——嫁接。古代美索不达米亚文明已使用嫁接技术，并用

叶片斑驳的植物是园林植物中流行的品种，这种植物大多都是基因突变的结果，突变破坏了叶绿素产出。人们在野外正常的绿色植物群中挑选出这些植物。常见的品种叶片上有或黄或白的斑点或条纹，从园丁们给它们取的名字里就能看出这些特点。最常见的斑叶植物是左页图中展示的南非天竺葵，该图收录在雪莉·希伯德作品《有漂亮叶子的新奇植物》（1870）中。

楔形文字将其记录了下来。维吉尔在《农事诗》中写道："顽强的浆果鹃嫁接上胡桃木的新枝，贫瘠的土地上时常生长出坚韧的苹果枝；山毛榉与栗树白雪般的花一同变白，白蜡树则和梨花一同变白；猪在榆树下嚼着橡果。"这让人觉得任何植物都可以嫁接到别种植物上。瓦罗很清楚，事实并非如此，他说："比方说，你能将梨嫁接到苹果上，却无法将梨嫁接到橡树上。"嫁接这种繁殖技术的重要性可以从 16 世纪约翰·特里德森特等园丁从欧洲大陆引入英国的已命名变种的数量中看出。

嫁接杂交

在人们意料之中的是，嫁接试验产生了反常现象，人们称之为嫁接杂交。最早有记录的嫁接杂交是佛罗伦萨的一位园丁于 1644 年培育出的柑橘变种"怪异橙"，比萨植物园园长彼得罗·纳蒂（1624—1715）曾在书中描述过它。酸橙嫁接在了枸橼树上，然后长出与枸橼和苦橘一样的果实、花朵和叶片，但也有兼具两者特点的果实。更广为人知的嫁接杂交品种是分布广泛的亚当金雀花。据我们所知，这种植物只在 1825 年巴黎附近的一位亚当先生的苗圃里嫁接过一次。开紫花的金雀儿被嫁接到开黄花的毒豆上，产生了一种嵌合体，它或呈毒豆的黄色，或呈金雀儿的紫色，或结合了两种花的特点，呈暗红色。

位于安第斯山脉、中国和东南亚山区蜿蜒曲折的梯田是过去两千多年来人类杰出的工程创造。这是历代农民劳动的结晶，它能将土壤和营养物限定在一定范围内，从而提高作物产量。在有关植物栽培的知识直接应用于实践并引发 18 世纪英国农业革命之前，欧洲人已经实践了一种相比之下没有那么壮观的"三圃制"。人类这伟大的植物操纵者开始了解植物有何功效，而一种科学的植物栽培方法也开始影响园丁们"依靠本能"的栽培方式。

右页图来自安东尼·罗素和皮埃尔·安东尼·普瓦图的作品《橙树自然历史》（1818），描绘的是"怪异橙"。这种植物是有史以来最早的嫁接杂交品种，是酸橙与枸橼杂交的后代，其果实具备枸橼和橙子的特性。

第七章 理解植物

于它们而言，他是主宰，他欣赏外观，也洞察本性。

——威廉·霍金斯《牛津大学植物园园艺艺目录》(史蒂芬和布朗出版社，1658)

植物是园丁的原材料，正如颜料是画家的原材料。画家或许对他所用颜料的来源、历史、化学和物理成分知之甚少；园丁或许从来不问他的某些植物源自哪里或者具体有何功效。跨国旅行和贸易增加了欧洲艺术家调色盘中颜料的数量和种类，同时也增加了欧洲植物园中植物的种类。外国颜料越来越受欢迎，并取代了传统的罗马颜料，对此老普林尼曾埋怨道："当墙上也出现了紫色的身影，当用印度河里的泥和蛇、大象的血制作颜料，所谓的高级绘画就不存在了。"不过，提香（约1485—1576）用从威尼斯港进口的各种颜料进行了创作。传统的园丁可能不喜外国园林植物，但这些植物还是在欧洲植物园中很常见。

18 世纪中叶，化学家们开始了解颜料的化学基础，艺术家们的调色盘中的颜色也因此变得更加丰富。人们不再需要搜寻更多奇特的天然颜料，以寻求他们所喜爱的颜色，因为颜料可以被合成。与此同时，植物育种家们也在丰富常见园林植物的“调色盘”供园丁所用，就像一个世纪前跨国旅行的探险家们一样。19 世纪末，化学家们通过简单地利用化合物创造出一个完整的色谱，而植物学家们开始看到基于对遗传的理解从而对植物育种进行操控的可能性。化学家制作的某些颜料极不稳定或带有毒性，因此未能受到艺术家们的喜爱。同样，许多植物学家精心培育的植物最终染上疾病，甚至枯死。不过这两个领域的专家们都开始了解原理，这意味着化学合成和植物育种拥有了科学基础，不再像几个世纪前那样一味碰运气。

当植物育种家们开始理解遗传学时，就可以创造特定的植物品种了，这正如化学家们理解颜色化学后也创造出了特定的颜色那样。园丁培育植物的“调色盘”是汗水、辛劳、肥料、化学、死亡和遗传的产物。以一种令人愉快的方式布置植物是园丁的工作。植物学家的工作则是回答这样一些关于植物的问题：植物是什么？植物在哪里生长？植物如何生长？植物有怎样的变种？植物是如何进化而来的？植物能变得“更好”吗？

分类和命名

随着人类对世界的了解逐渐加深，像泰奥弗拉斯托斯那样将被子植物分为树木、灌木和草本植物三类已经行不通了。人们将人类的活动、信仰和态度一一命名并详细分类，而这样的分类逐渐延伸到了自然界。的确，《创世纪》中说亚当在伊甸园最初的挑战之一便是给“牛、飞鸟和田野里的每种野兽”命名。谈论自然界的基础是给其中的事物命名，将它们的名字归入分类系统则可以起到辅助作用。名字是交流信息的关键，是知识在不同民族、不同代际的人之间传播的基础，而分类法提供了一种整理、检索信息的方式。要达到最佳效果，名称应当统一，分类系统应当简洁、便于使用、信息丰富且容易添加新信息。从埃及和亚述到中国和印度，再到希腊，人们对植物的认识各异，但其名称的产生和应用始终至关重要。植物科学研究早期的一个重要目标就是创造一个通用的分类系统和与之协调的名称。这需要整合人们通过植物探索、图书馆、植物园和标本馆获取的知识。

安德烈亚·切萨尔皮诺植物分类法

16 世纪，随着南欧众多医学院的建立和私家花园的日益普及，出现了两个重大问题：区别植物品种的最佳特征是什么？给多样性丰富的植物分组的最佳方式是什么？许多出版物试图回答这些问题，而意大利植物学家安德烈亚·切萨尔皮诺（1519—1603）的著作《植物之书》（1583）就是一个重要的里程碑。切萨尔皮诺的分类法只是 16 世纪到 18 世纪早期早于林奈分类法的众多分类法中的一种。这些分类法大多数都强调了植物特定部位或器官的重要性。

罗伯特·莫里森植物分类法

17 世纪中叶，罗伯特·莫里森以保皇派的身份参加了英国内战并身负重伤。逃到法国后，他以植物学家的身份闻名于世，并最终成了奥尔良公爵所属的布洛瓦花园的管理人。正是在这一时期，莫里森开始发展了自己的以果实的特征为基础的植物分类系统。查尔斯二世（1630—1685）复辟后，莫里森回到英国，被任命为国王的医生。1669 年，莫里森被任命为牛津大学植物系的教授。莫里森因 1680 年出版的《牛津植物通史》（第二部分）而广受赞誉。莫里森原计划将这本书制成一个目录，囊括他已知的所有植物，并依照他的分类法排序。然而在他去世前，仅有第二部分得以出版。第三部分最终由小雅各布·博瓦尔特于 1699 年出版，而第一部分始终未完成。

在莫里森的一生中，他创造的分类法使他的声誉有所提高。不过，他过于傲慢，拒绝承认他曾“站”在他人（尤其是切萨尔皮诺）的肩膀上，这使得后世对他的赞誉大打折扣。此外，他与同时期的另一位伟大的英国植物学家约翰·雷的关系甚是紧张。林奈曾非常坦率地谈及莫里森及其分类法：

在我看来，切萨尔皮诺是系统植物学之父，其分类法自然也十分出色。莫里森自视过高……但他因改进的分类法被盛赞不已，尽管这个系统已经有点过时了。如果你观察图内福尔的属类划分，你会很容易发现他从莫里森的分类法借鉴了许多内容，而莫里森也从切萨尔皮诺分类法足足借鉴了许多内容……莫里森分类法中的闪光点都是从切萨尔皮诺分类法借鉴来的。

不论莫里森有怎样的性格缺陷，他出版的另一本著作《新伞形植物分布》(1672)被公认为讨论植物科属的首本专著。这本书还首度正式涉及辨认品种的关键。

林奈植物分类法

19 世纪末，分类法开始基于一种普遍的观念：植物分组应以进化法则为基础。不过，18 世纪中期的林奈分类法是以性别为基础的。

1729 年，林奈写下了一篇影响深远的论文——《植物婚配初论》，他在文中整合了关于植物性别的信息，抛出了一个有争议的话题。他还以植物性别为基础进一步提出了一个分类系统，并跻身植物学界名流之列。林奈的声望建立在两项成就上：用简洁的双名法（属名加种名）代替复杂的短语命名法。林奈并非首个使用双名法的人，也并非首个创造出植物分类系统的人。但他是首个坚持使用双名法并创造出简洁方便的分类系统的人：

> 动物、植物和化石在林奈的系统中以一种全新而有规律的顺序排列，他精心设计的规则维持着这个系统的运转。如此一来，新的动植物出现并

罗伯特·莫里森作品《新伞形植物分布》(1672)中阐述了识别一个植物群的关键方法，这也是该方法被首次公开发布，因而也成了该书的独特之处。右页图所示的铜版画详细展示了各类伞形科植物，献给了1669—1673年任牛津大学副校长的彼得·梅斯。

TABULA GENERALIS ICONUM SEMINUM UMBELLARUM.

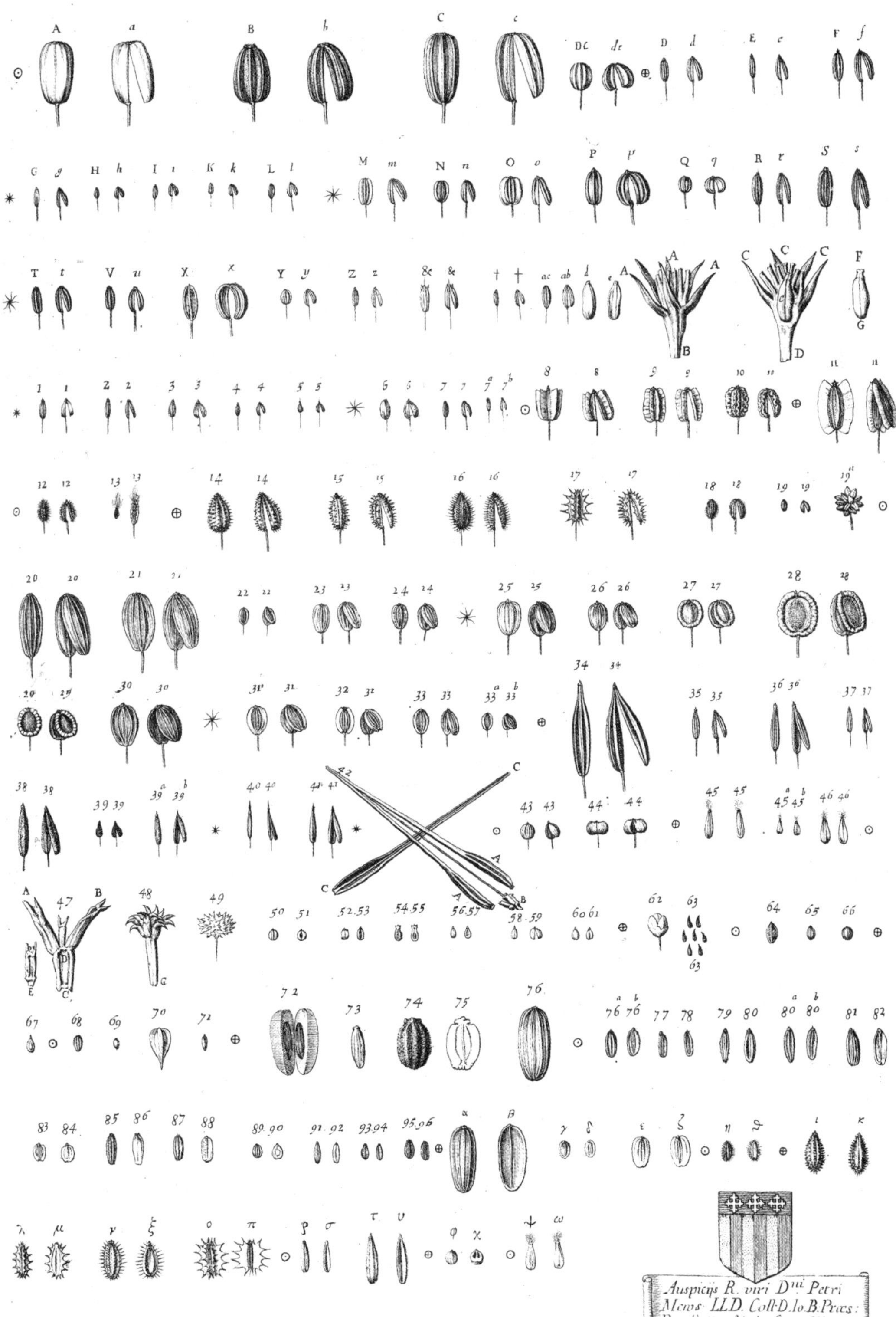

不会造成混乱，它们都能够找到自己的位置。链接的数量增加了，但链条本身不会被扰乱。

林奈还为自然界创造了一种等级制度：每个有机体在生命的宏大体系中都有适当的地位。林奈认为，花药和柱头比起花朵和果实等结构更接近植物的“性本质”，因此关注这些特征就能够创造出“最佳”的分类法。林奈主要根据植物雄性器官（雄蕊）和雌性器官（雌蕊）的排列和数量将植物分为 24 纲。单雄蕊纲植物有一枚雄蕊，双雄蕊纲植物有两枚雄蕊，六雄蕊纲植物有六枚雄蕊，而四强雄蕊纲有六枚雄蕊（四长两短）。林奈在《植物哲学》（1751）中完整阐述了其植物学思想。该书特意将价格设定在学生能够负担得起的水平，因此流传甚广。他使用的拉丁文直接而朴实，说明也十分清晰。同样，他在阐释植物分类系统时所使用的语言也直截了当，例如六雄蕊纲被描述为“一妻六夫”。

如此直白的语言让一些植物学家、牧师和社会上其他人士对林奈从伦理道德方面进行指责。最广为人知的诟病包括圣彼得堡植物园的约翰·西格贝克（1686—1755），他担心“这种令人厌恶的、淫荡的方法”正被教授给学生们；卡莱尔的主教塞缪尔·古迪纳夫（1743—1827）则表示“没什么能超过林奈那恶心的淫荡想法了”，“他所谓的植物学会让端庄的女性瞠目结舌”。但林奈的分类系统在对植物感兴趣的男男女女之间广为流传，在英国尤甚。还有一些反驳林奈分类系统的论点则经过深思熟虑，是从知识层面而非道德层面来反驳的，因而也最具破坏性。其中尤为

众所周知，烟草属植物是烟草的来源。不过从17世纪以来，人们在欧洲广泛种植该种属的植物作为园艺花卉。右页图来自简·卢顿的《女士们的花园伴侣》（1840）。卢顿在19世纪初有力地推动了植物科学的发展，并以通俗有趣的方式将植物学呈现在大众视野中。不过，许多男植物学家对她的主张感到难以接受。

1
2
3
4
5
6
7
8

突出的是巴黎皇家植物园的植物学家们的论点。不过直到 19 世纪初，林奈的分类系统才遭受致命一击。若不是林奈坚持推动双名法的应用，他很可能默默无闻。这就是当时许多植物学家的命运，尽管他们创造出了新的、在当时往往受到赞誉的分类系统。

林奈的双名法系统并非十全十美。名称应用不当会造成词典编纂的混乱。人们需要能够普遍运用的规则以判断命名法的应用是否恰当。此外，植物的名称应当与物理特征有关，于是模式标本的概念应运而生。所有的植物名称都有一个相应的模式标本：即某人首次为一植物命名时所使用的植物标本种类。到 19 世纪末，这冗长乏味的植物命名法被编纂成了两份文件——《国际植物命名法规》及其姊妹篇《国际栽培植物命名法规》，这两份文件均会定期更新。其目的是确保每个植物名称都准确无疑地指向一个物种或品种。

植物名称似乎是一个相当学术的话题。但也不尽然，坏血病事件就是一个例子。坏血病是一种几乎在 18 世纪和 19 世纪摧毁英国海上霸主地位的疾病，它造成了数千名水手的死亡。坏血病是由于人体内缺乏维生素 C 而引起的，饮食中缺乏新鲜果蔬就易患上这种病。18 世纪末，柠檬汁被人们认定是预防坏血病的绝佳方法。然而，由于人们对柑橘类水果名称的混淆（其中还包括某种程度上的政治计谋），英国海军使用了青柠。但青柠中维生素 C 的含量只有柠檬中的四分之一，根本无法预防坏血病。数千名英国水手正是因为这种分类失误而枉死。

克里斯蒂安·施普伦格尔作品《自然之谜：花的结构和授粉》(1793)的扉页(右页图)展现了许多的花卉及其授粉者，如：七叶树和一只大黄蜂，蜂兰和一只正在授粉的黄蜂，林生玄参和一只正在授粉的黄蜂。本书扉页的铜版画被收藏在德国柏林植物园施普伦格尔纪念馆中。

Das
entdeckte Geheimniſs
der
NATUR
im Bau und in der Befruchtung
der
Blumen
von
CHRISTIAN KONRAD SPRENGEL,
Mit 25 Kupfertafeln.
Berlin, 1793.
bei Friedrich Vieweg dem ælteren.
C. Jäck Scripsit et Sculpsit
Gezeichnet v. C.K. Sprengel
W. Arndt Sculp:

植物性别与杂交

性使人愤怒、尴尬和兴奋，它也是理解生物学的核心。现在人们理所当然地认为植物是有性繁殖的，可这个观点在 18 世纪时过于超前，以至于骇人听闻。在 18 世纪前的几个世纪里，宗教教义使人们认为植物是无性实体，因此不会在“人类堕落”后与动物承受相同的命运。但是，“无性规则”也有例外，枣椰树便是其中的一个。枣椰树至少早在公元前 4000 年就被人们栽培了。人们至少在公元前 2300 年就认识到了枣椰树性别差异的存在，因为古巴比伦人在当时已经把人工授粉技术作为一种标准的管理技术。不过在当时像动物一样有性繁殖的植物被认作是怪异的存在。

首个探索植物性别的重要实验是由鲁道夫・雅各布・卡梅勒（1665—1721）完成的，他通过实验证明了植物有性别之分。卡梅勒是德国蒂宾根大学自然哲学系的教授，出版了《植物性别书信集》（1694）。几乎与此同时，英国科学家尼希米・格鲁（1641—1712）和托马斯・米林顿爵士（1628—1704）提出，“雄蕊在种子形成中扮演雄性的角色”。1717 年，法国植物学家塞巴斯蒂安・瓦扬（1669—1722）写下了一篇关于植物性别的论文，引起了巨大轰动。英国伟大的博物学家约翰・雷接受了植物性别的观点。1704 年，英国外交官塞缪尔・莫兰（1625—1695）的论文在他去世后得以发表，该文章阐释了一些植物有性繁殖的方式。

1761—1766 年，德国卡尔斯鲁厄大学的自然历史教授约瑟夫・戈特利布・寇鲁特（1733—1806）发表了一系列影响深远的论文，阐述了他的关于同种属植物内部和不同种属植物杂交试验的成果，试验是针对烟草属植物展开的。寇鲁特的试验显示：同种属内部植物杂交很普遍，而不同种属植物杂交能够产出繁殖力强的品种。不过，科学机构在很大程度上忽视了这些试验的重要性。德国医生、植物杂交专家卡尔・弗雷德里希・冯・加特纳（1772—1850）总结了人们对寇鲁特试验结果的态度：

> 人们很少关注杂交的科学意义，且在大多数情况下只把它当作植物性

别存在的证明，因此这位勤奋、一丝不苟的观察者在一系列论文中所记录下的重要建议和实际数据都未能被植物生理学界接受，这种情况直到近期才发生改变。另一方面，即便是在与植物性别相关的领域，它们（寇鲁特的记录）也受到了猛烈抨击，人们质疑其真实性并强烈否定它们，或者把植物杂交当作园艺嫁接技术的一种。

改变了人们固有植物性别观念的德国“三巨头”中，最后一位是植物学家、古典学者克里斯蒂安·施普伦格尔（1750—1816）。人们对植物授粉和花与授粉昆虫之间的关系的认识与施普伦格尔紧密相关。他和寇鲁特都是传粉生态学的奠基人。施普伦格尔最著名的作品是《自然之谜：花朵的结构和授粉》（1793）。不过，这本书和施普伦格尔的大多数作品一样，在他在世期间被人们冷落了。直到查尔斯·达尔文出版了《不列颠与外国兰花经由昆虫授粉的各种手段》（1862），关于授粉的研究获得了科学认可，施普伦格尔的开创性工作才得到了人们的理解。

在英国，追求实用主义的园艺学家开始在植物种属内部和不同种属植物之间开展杂交工作以改良作物和园林植物。花园、苗圃和果园则为改良植物的想法付诸实践提供了理想场所。它们在当时和现在都是植物杂交专家的天堂。不过这些致力于改良植物品种的人通常单独工作，彼此并不交流，也与更广泛的科学界隔绝。早期植物改良工作者中最杰出的是英国果蔬栽培家托马斯·安德鲁·奈特，他专注于改良生长在灌木和果树上的水果，尤其是苹果和梨。奈特工作的时期是 19 世纪初，他很实际地意识到，若想在短期内获得效果，就需要栽培一种生命周期短的植物，他选择的植物是一年生豌豆。奈特通过将不同种的豌豆杂交，在证明变异的代际遗传方面取得了重大进展。然而，奈特与同世纪晚些时期培育杂交豌豆的孟德尔不同，奈特没有对杂交产生的变异后代计数。比起确定格雷戈尔·孟德尔最终发现的那种遗传定律，奈特似乎对杂交获得的产物本身更感兴趣。奈特从整体上进行了具有重大意义的观察，包括：

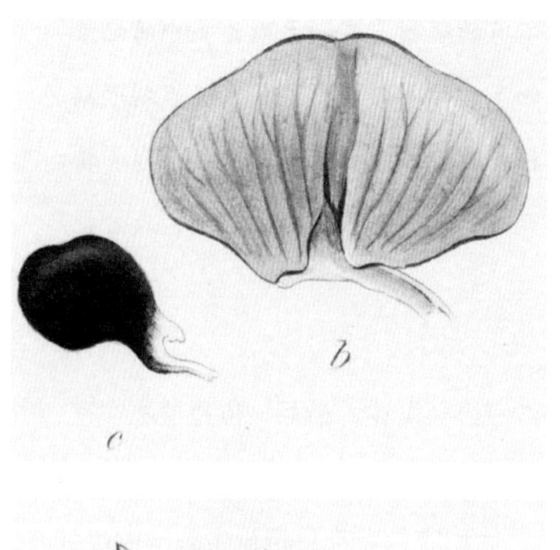

豌豆是几千年来欧洲的主要农作物，在此期间人们也选育出了许多不同的品种。豌豆变种众多，因此是托马斯·安德鲁·奈特（1759—1838）和格雷戈尔·孟德尔育种研究的理想模型，这最终使人们了解了遗传的基因基础。右页图所示铜版画是在费迪南德·鲍尔的水彩画作品基础上创作的，收录在西布索普和史密斯的作品《希腊植物（第七卷）》（1832）中。本页图为其局部细节。

Pisum arvense.

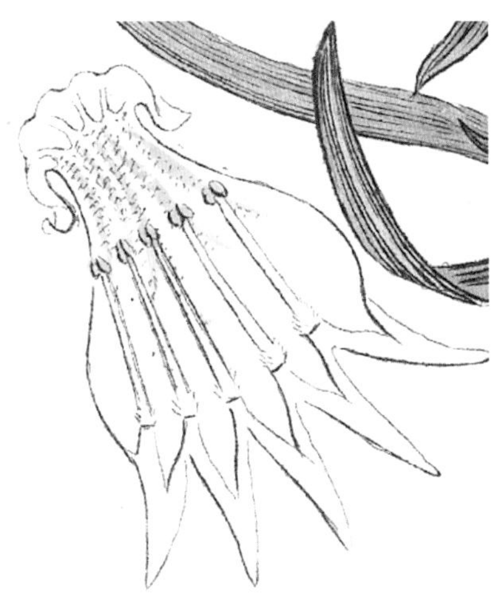

詹姆斯·索尔比所著的《英国植物学》(1790—1813)是一部关于英国植物的重要作品。该书不仅用精美的彩图描绘了当时所有的英国植物，还使索尔比家族成了19世纪初自然历史图片的优秀印刷者。索尔比不仅描绘野外植物，还画了一些植物的变种，如这幅1797年出版的画作(左页图)，描绘的是一株反常整齐的黄色柳穿鱼。本页图为其局部细节。

在通常情况下，比起单纯繁殖一种水果，将某种水果的花粉引到另一种水果的花上更易于获得新品种。

18 世纪初，园丁托马斯·费尔柴尔德（1667—1729）将一株美洲石竹的花粉转移到了一株康乃馨的雌蕊上，创造出了一种被称为“费尔柴尔德的骡子”的植物。在当时，费尔柴尔德的成果除了新奇外毫无意义，其中的重要性被忽视了。费尔柴尔德的试验与寇鲁特和施普伦格尔那些更全面的杂交试验的命运别无二致。杂交试验的成果以及天然杂交品种存在的可能性使人们开始质疑，或至少含蓄地怀疑物种数量在神创世纪时就已固定的假说。“费尔柴尔德的骡子”虽然在很大程度上被人们遗忘了，但仍是一个令人惊叹的园艺事件。此外，花店协会的各项活动也预示着，尽管“隔着一层昏暗的玻璃”，遗传学终将在 20 世纪后半叶主导生物学。

理解变异

变异植物在花园里和野外自然存在。有些植物引人注目，也因此得以繁衍生息，还有一些品种只会被当作新奇植物记载下来，而大多数都未能被记录在册。不过，有一群植物学家想要将所有有细微变化的变种都作为独立的品种命名。变种丰富的植物群——如康乃馨、报春花和东方风信子，就吸引了这些植物学家。17 世纪初期，欧洲的花店协会也蓬勃发展起来。自然变异的品种被用于人工选育植物的特定性状中。但林奈对花匠的活动曾嗤之以鼻：

> 这群人创造了属于自己的科学，只有对它熟悉的人才能够了解其中的奥秘，而这样的知识并不值得植物学家们注意。因此，没有任何植物学家加入过他们的协会。

还有人对花匠们将野生的花卉改造成园艺花卉钦佩不已，19 世纪初的罗伯特・桑顿医生就是其中的一位，他说：“它（康乃馨）在野生状态下……并没有引人注目的美丽……花匠的技艺则成就了剩下的一切。”

1742 年，林奈的一位学生给他带来了一株奇特的黄色柳穿鱼，这是在瑞典东南部城市乌普萨拉采到的。这种花呈辐射对称状，和只有一条对称轴、一个对称面的普通花朵不同，它有五条对称轴和五个对称面。林奈种下了这种奇特品种的种子，产出了更多同种的柳穿鱼。他认定这是一个新品种，将其命名为“反常整齐花”。不过，法国植物学家米歇尔・阿丹森（1727—1806）发现，林奈给他的反常整齐花和种子在巴黎既产出了普通的花也产出了辐射对称的花。于是阿丹森得出结论，反常整齐花只是一种变异情况，不是新品种。

变异植物

自植物园建立以来，培育变异植物便成了植物园的一项工作。事实上，有些人将其视为发现物种变化规律的一种方法。除了颜色变异以外，最常见的自然变异是重瓣花。老雅各布・博瓦尔特在 1648 年的牛津大学植物园目录中记录了 9 种银莲花，其中有 5 种是重瓣的。维多利亚中期的园丁麦克斯韦・泰尔登・马斯特斯（1833—1907）创作了一本关于变异植物的著作，影响深远。这本著作名为《植物畸形学》（1869），书中描述了变异植物“和正常植物结构相比的主要偏差”。

关于反常整齐花等变种的讨论挑战了教会“物种不变”的教条，林奈对此也有所疑虑：

> 某些种类的花被授以不同属、不同种的花粉，因此经常产出杂交品种。即便那些杂交品种不算新品种，那至少也是永久性变种。

18 世纪末，反驳物种固定不变的证据正变得势不可挡。“物种不变”的教条被彻底推翻只不过是时间问题了。1800 年法国博物学家、自然理论学家让・巴普蒂斯特 - 拉马克（1744—1829）围绕两个主题提出了一个连续的进化理论。首先，有一股力量驱使生物从简单形态进化到复杂形态；其次，还有一种力量能使生物适应当地环境，并使它们彼此区别。这些理念被称为“获得性状理论”。尽管拉马克的理论整体受到了欢迎，但一如往常，问题总是出在细节上。在很多情况下，获得性状理论无法解释自然变异。

达尔文的进化论

查尔斯·达尔文在《物种起源》(1859)中收录了来自自然界和动植物育种家们的证据以说明物种具有可变性，说明变异的重要性和物种进化的方式。自然神学家、作家查尔斯·金斯利(1819—1875)在收到达尔文《物种起源》一书后认为:“神在创世纪时没有将物种固定下来，而是开启了进化的进程”，他写道:

> 我读到的一切都使我敬畏，书中事实丰富，您又声名远扬。我还有清晰的直觉，知道若您是正确的，我就必须放弃我所相信、所写下的许多观念……至少，在阅读您的书后，我可以从两种迷信中解脱出来:第一，我早就通过观察驯养的动植物杂交放弃了物种永恒不变的教条信仰；第二，我逐渐意识到这是一种同样高尚的神性观念——相信神创造了万物的初始形式，万物有能力因时因地自己发展成所需的形式。我也相信神需要一种新的干预手段来填补自己留下的空白。我觉得第一点可能是更崇高的思想。

其他人就没有这么开明了，在达尔文提出的进化机制被理性的大多数人接受之前，争论持续了一个世纪。被林奈无情嘲笑的花匠们的活动和动植物育种者的活动正在凸显价值。这些人挑选自然变种的特定部位，模仿自然种群中发生的情况。

孟德尔的遗传学突破

尽管达尔文的理论有其独到之处，但他未能挖掘出遗传信息代代相传的方法。修道士格雷戈尔·孟德尔在布尔诺的一座修道院里开展的定量豌豆试验为此提供了解决方案。试验表明，如果有皱粒豌豆与圆粒豌豆杂交，则产出的都是圆粒豌豆。然而，如果产出的圆粒豌豆群内部繁殖，每产出三粒圆粒豌豆，就会有一粒皱粒豌豆。在以其他特征为对象的试验中也得到了相同的结果，从茎长到种皮颜色都是如此。用现在的话说，孟德尔证实了每种遗传特征都是由基因控制的，每个个体中有两组基因，各遗传自亲代的其中一方，且在各代传递过程中保持不变。每个世代的特征是通过重组前代的基因组合而产生的。等位基因可以是显性的，也可以是隐性的。一个个体若从亲代遗传一个或两个显性等位基因，则表现出显性性状。若要表现出隐性性状，个体须遗传两个该性状的隐性等位基因。不过，孟德尔的这一研究成果被忽视了。尽管达尔文拥有孟德尔 1866 年记载了这些试验结果的论文的副本，他却未能发掘将孟德尔的重大发现应用于自己的理论中。直到 20 世纪初遗传学诞生，人们才领悟其重要性。

达尔文的进化论已成为生物学的统一原则：一个能够用来解释动植物多样性的合理的理论。达尔文和孟德尔为了解地球的生命多样性翻开了新的篇章，这是基于自然种群的变异、代代相传的遗传信息和基因类型的选择，即能够经过一段时间适应特定环境的基因类型。对（自然或人工）选择和遗传学的理解意味着人们有机会使植物长出特定的性状，无论是更矮的小麦、适合机器收割的豌豆或能够抵抗特定疾病的其他植物。伟大的操控者——人类不再盲目地工作了，通过“曲面透镜”，他们能看到祖辈相传的特征的遗传基础。植物园是很多代人盲目打响进化之战的竞技场，如今这些战役将在理解潜在机制的基础上进行。

人与植物的关系，人类对植物多样性、栽培方式及功效的认识没有停滞不前。从 1501 年到 1900 年，人们了解了植物多样性的基本模式，定义了其中一些细节。20 世纪，人们不只是描述植物多样性，同时还发现了解植物功效及科学培育植物的益处。随着人口持续增加，地球气候不断变化，人们重视最大限度地利用具有重大经济价值的植物，重视了解植物如何应对不同的气候变化，也重视保护、保存和认知 20 世纪还幸存的、散落在世界各地的植物。

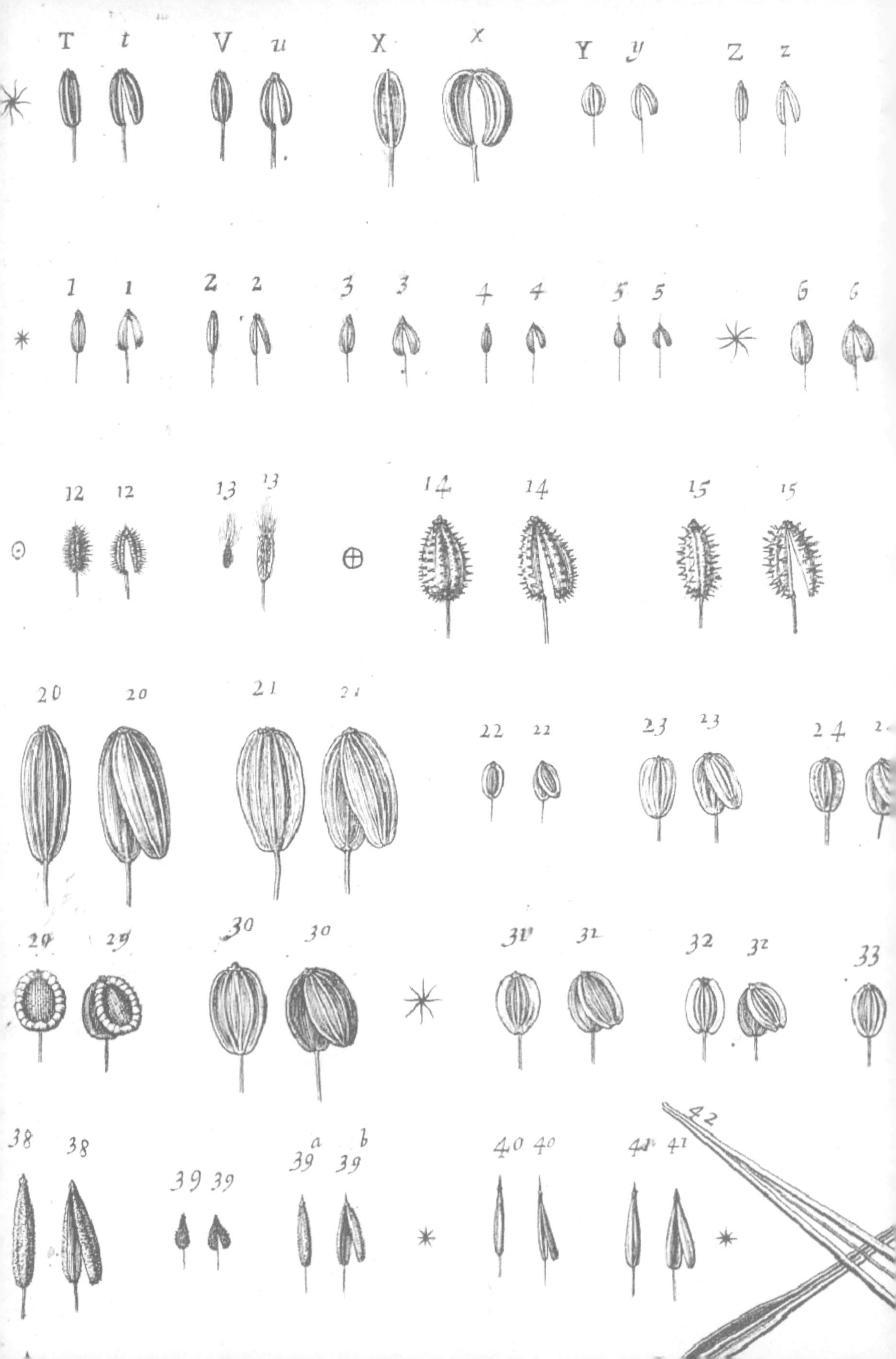
T t V u X x Y y Z z
1 1 2 2 3 3 4 4 5 5 6 6
12 12 13 13 14 14 15 15
20 20 21 21 22 22 23 23 24
29 29 30 30 31 31 32 32 33
38 38 39 39 a b 39 39 40 40 41 41 42

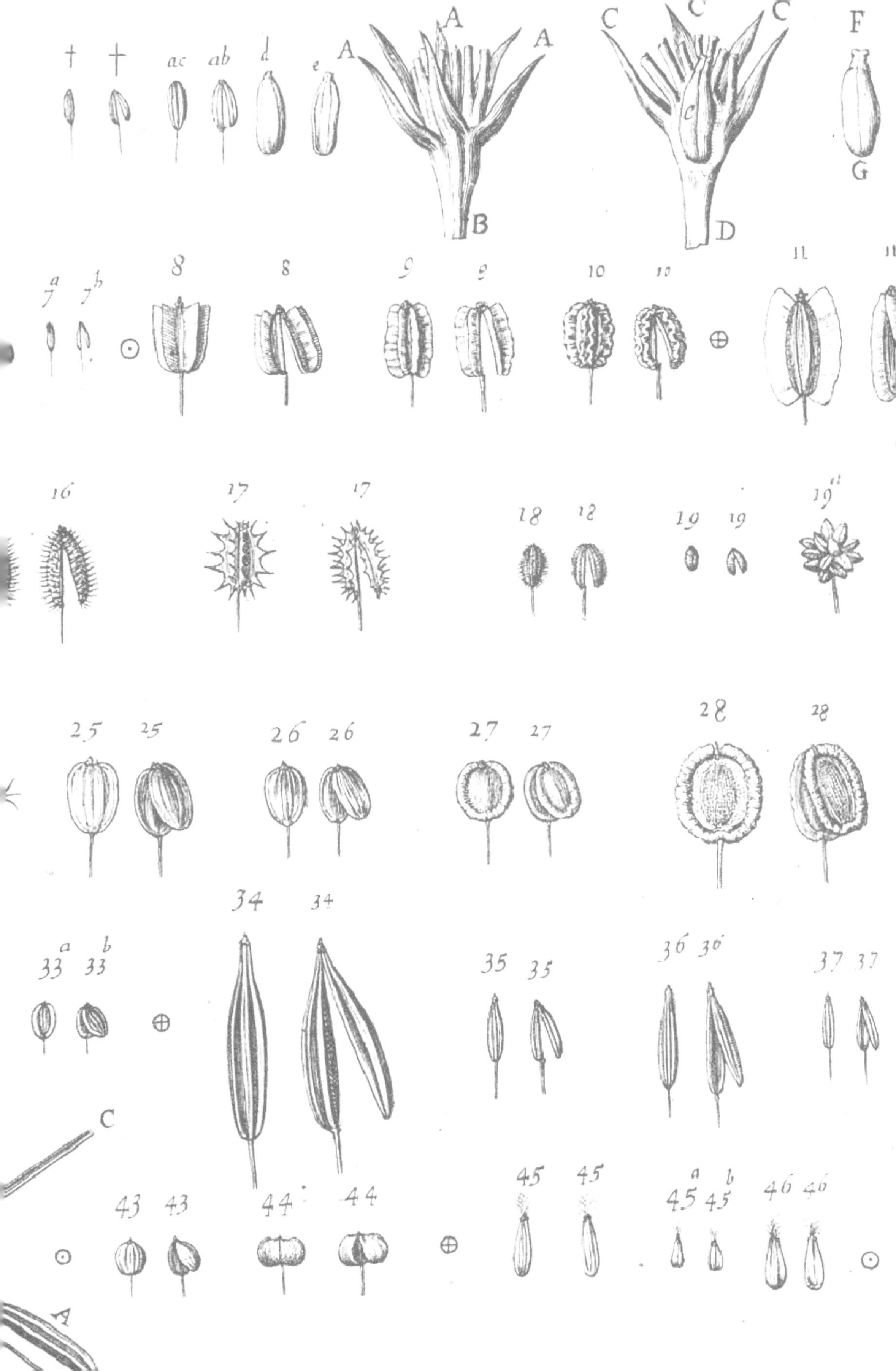
† † ac ab d e A A A
C C C F c G B D
7a 7b 8 8 9 9 10 10 11 11
16 17 17 18 18 19 19 19a
25 25 26 26 27 27 28 28
33a 33b 34 34 35 35 36 36 37 37
C
43 43 44 44 45 45 45a 45b 46 46
A

图书在版编目（CIP）数据

植物园：一部图文史 /（英）史蒂芬 · 哈里斯著；李墨译 . — 北京：北京时代华文书局，2021.11
书名原文：Planting Paradise：Cultivating the Garden 1501 – 1900
ISBN 978-7-5699-4405-1

Ⅰ . ①植… Ⅱ . ①史… ②李… Ⅲ . ①植物园—历史—世界— 1501-1900 Ⅳ . ① Q94-339

中国版本图书馆 CIP 数据核字 (2021) 第 184898 号

PLANTING PARADISE:CULTIVATING THE GARDEN 1501 – 1900
by STEPHEN HARRIS

北京市版权局著作权合同登记号 图字：01-2019-0726

植物园：一部图文史
ZHIWUYUAN：YI BU TUWENSHI

著　　者 | ［英］史蒂芬 · 哈里斯
译　　者 | 李　墨

出 版 人 | 陈　涛
策划编辑 | 周　磊
责任编辑 | 周　磊
责任校对 | 陈冬梅
装帧设计 | 程　慧　迟　稳
责任印制 | 訾　敬

出版发行 | 北京时代华文书局 http://www.bjsdsj.com.cn
北京市东城区安定门外大街 138 号皇城国际大厦 A 座 8 楼
邮编：100011　电话：010 - 64267955　64267677
印　　刷 | 河北京平诚乾印刷有限公司 010-60247905
（如发现印装质量问题，请与印刷厂联系调换）
开　　本 | 710mm × 1000mm 1/16　　印　　张 | 12　　字　　数 | 194 千字
版　　次 | 2022 年 4 月第 1 版　　印　　次 | 2022 年 4 月第 1 次印刷
书　　号 | ISBN 978-7-5699-4405-1
定　　价 | 88.00 元